3D 打印工程应用案例与云服务技术

刘永辉　尹凤福　王小新　编著

U0178590

机械工业出版社

3D 打印是以数字模型为基础，将材料逐层堆积制造出实体物品的新兴制造技术，被认为是新一轮工业革命的标志性技术之一。当前 3D 打印技术已经从研发转向产业化应用，将给传统制造业带来颠覆性影响。本书系统介绍了 3D 打印技术如何改造和变革传统制造业研发、制造、服务等各环节，包括创新方法、实现流程和实际工程应用案例等，总结整理了近年来国内外在 3D 打印新技术、新应用等方面进行探索的最新成果。

全书共 5 章，分别介绍 3D 打印技术概述、3D 打印技术在产品设计中的应用、3D 打印技术在工业制造中的应用、3D 打印技术在维修及再制造中的应用、基于 3D 打印云服务平台的定制技术。本书涉及面向 3D 打印的创新自由设计技术、基于 3D 打印的直接制造技术、满足即需即供的 3D 打印维修备件制造技术、基于 3D 打印的高价值零部件再制造技术、3D 打印云服务技术等多个行业的最新研究内容，并列举了 3D 打印技术在航空航天、汽车、家电等不同领域的具体应用案例。

本书内容丰富，可作为材料成型领域工程技术人员的参考资料，也可作为高等院校、中职院校 3D 打印、快速成型技术及应用等相关课程的教材及培训用书。

图书在版编目（CIP）数据

3D 打印工程应用案例与云服务技术/刘永辉，尹凤福，王小新编著. —北京：机械工业出版社，2020.7
ISBN 978-7-111-65842-9

Ⅰ.①3…　Ⅱ.①刘…②尹…③王…　Ⅲ.①立体印刷 – 印刷术　Ⅳ.①TS853

中国版本图书馆 CIP 数据核字（2020）第 102225 号

机械工业出版社（北京市百万庄大街 22 号　邮政编码 100037）
策划编辑：孔　劲　责任编辑：孔　劲
责任校对：张　薇　封面设计：鞠　杨
责任印制：李　昂
北京机工印刷厂印刷
2020 年 8 月第 1 版第 1 次印刷
169mm×239mm · 10 印张 · 175 千字
标准书号：ISBN 978-7-111-65842-9
定价：69.00 元

电话服务　　　　　　　　　网络服务
客服电话：010-88361066　　机 工 官 网：www.cmpbook.com
　　　　　010-88379833　　机 工 官 博：weibo. com/cmp1952
　　　　　010-68326294　　金 书 网：www. golden-book. com
封底无防伪标均为盗版　机工教育服务网：www.cmpedu.com

前　言

作为最具前沿性、先导性的战略新兴技术之一，3D 打印技术将使传统制造方式和生产工艺发生深刻变革，实现低成本、高效率的自由生产，被誉为"第三次工业革命的重要标志"。当前，国际社会高度重视 3D 打印技术的发展，各国纷纷出台相关政策措施，甚至将 3D 打印作为国家战略加以支持。

近三十多年来，3D 打印技术快速发展。随着技术的不断成熟，已从快速原型制造向终端产品直接制造发展；随着成本的下降，3D 打印技术从航空航天等高端领域向家电、汽车等日常消费领域拓展。作为一种变革性的制造新技术，3D 打印技术的发展潜力巨大。

本书阐述了 3D 打印技术将如何改造传统制造业的研发、制造、服务等各环节，包括创新方法、实现流程和实际工程应用案例等，总结整理了近年来国内外在 3D 打印新技术、新应用等方面进行探索的最新成果。3D 打印技术将推动传统的大规模制造模式向满足消费者个性化、多样化需求的大规模定制模式转变，基于作者多年的研究成果，本书还专门用一章阐述了基于 3D 打印云平台的大规模定制技术，包括 3D 打印云平台基础理论、体系架构、服务模式和关键技术等。为方便读者学习，书中为部分图片实例提供了彩图，可通过扫描相应图片旁边的二维码进行观看。

作者所在单位从 1995 年开始开展快速成型与 3D 打印技术的研究与应用工作，先后获得"国家重点研发计划""国家科技支撑计划""青岛市自主创新重大专项"等多个科技项目的支持，在 3D 打印技术与传统制造业相结合、3D 打印云服务平台等方面积累了许多研究成果和应用经验。

本书由刘永辉、尹凤福、王小新撰写。其中，第 1，2，5 章由刘永辉撰写，第 3 章由王小新撰写，第 4 章由尹凤福撰写，全书由刘永辉统稿。本书在写作过程中得到了山东大学王广春教授、华中科技大学张李超副教授和蔡道生博士以及武汉华曙高科陈勃生副总经理的指导和帮助，在此一并表示感谢。本书引用了一些专家制作的图片资料作为案例用来阐述 3D 打印技术，在此，也表示衷心感谢。

3D 打印技术涉及众多学科，限于作者水平，对有些问题的理解还不够深入，书中不足之处在所难免，恳请读者批评指正。

作　者

目 录

第1章 3D打印技术概述

3D打印又称增材制造，是依据计算机的三维设计数据，采用液体、粉末等离散材料通过逐层累加制造实体零件的技术。与传统的减材制造（如车、铣）相比，3D打印是一种自下而上、材料累加的快速成型制造工艺，被称为"具有工业革命意义的制造技术"。3D打印技术自20世纪80年代诞生以来，逐渐发展，期间也被称为材料累加制造（Material Increase Manufacturing）、快速原型（Rapid Prototyping）、分层制造（Layered Manufacturing）、实体自由制造（Solid Free-form Fabrication）、3D喷印（3D Printing）等，增材制造（Additive Manufacturing，AM）是目前为止认可度较高的一种名称，被认为是第三次工业革命的重要标志。

1.1 3D打印技术的原理及优势

3D打印技术最早称为快速成型技术或快速原型制造技术，是在现代CAD/CAM技术、机械工程、分层制造技术、激光技术、计算机数控技术、精密伺服驱动技术以及新材料技术的基础上发展起来的一种先进制造技术，可以自动、直接、快速、精确地将设计思想转变为具有一定功能的原型或直接制造零件，从而为零件原型制作、新设计思想的校验等提供了一种高效低成本的实现手段。

不同种类的快速成型系统因所用成型材料不同，成型原理和系统特点也各有不同。但是，其基本原理都是一样的，那就是"分层制造，逐层叠加"，类似于数学上的积分过程。形象地讲，快速成型系统就像是一台"立体打印机"。3D打印工作原理是首先将物体的数据进行逐层切片，再构建每一层切片，一层一层地进行打印；打印过程中，逐层将对象打印出来，层与层之间用不同方式进行粘合，最后逐层叠加形成完整物体。

从广义上说，3D打印的完整流程主要包括五个步骤：

1）3D 模型生成：利用三维计算机辅助设计（CAD）或建模软件进行建模，或通过激光扫描仪、结构光扫描仪等三维扫描设备来获取生成 3D 模型的数据，不同模型生成方法所得到的 3D 模型数据格式也会不同，有的格式可能是扫描所获得的点云数据，有的格式可能是建模生成的 NURBS 曲面信息等。

2）数据格式转换：STL 格式为目前 3D 打印业内所应用的标准数据文件类型，需要将上述所得到的 3D 模型转化为 STL 格式文件。STL 文件不同于其他一些基于特征的实体模型，它是一种将 CAD 实体数据模型进行三角化处理后的数据文件，是用许多空间三角形小平面逼近原始 CAD 实体模型。

3）切片计算：通过 CAD 技术对三角网格格式的 3D 模型进行数字"切片"，将其切为一片片的薄层，每层对应着将来 3D 打印的物理薄层。

4）打印路径规划：通过切片得到的每个虚拟薄层都反映着最终打印物体的一个横截面，在以后 3D 打印过程中，打印机需要进行类似光栅扫描式填满内部轮廓，所以，具体的打印路径需要规划出来，并对其进行合理的优化。

5）逐层打印制造：根据上述切片及切片路径信息，3D 打印机打印出每一个薄层并逐层叠加，直到最终打印完成整个物体模型。

图 1-1 所示为 3D 打印技术的原理示意图（以选择性激光烧结技术 SLS 为例）。

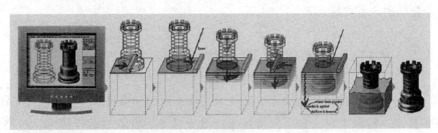

对3D数字模型进行 　铺粉，激光扫 　降低工作台面，　激光扫描后 　重复上述过程，直至
切片和工艺路径规划　描后烧结固化 　重新铺粉 　　烧结固化 　加工完成最终零件

图 1-1　3D 打印技术的原理示意图

与传统制造技术相比，3D 打印具有以下技术特点：

1）成本与产品的复杂度和多样化无关。采用传统制造技术，往往产品形状越复杂，需要的加工工序越多，制造成本也越高。而 3D 打印技术采用材料逐渐累加的方法来制造实体产品，这一技术不需要传统的刀具、夹具及多道加工工序，在一台设备上即可快速而精密地制造出任意复杂形状的产品，因此 3D 打印的制造成本与产品复杂度无直接关系。

2）适合制造个性化、定制化产品。模具等传统制造方式的优势是同质化产品的批量制造，缺点是难以满足人们的个性化、定制化产品需求。3D 打印技术的出现大大降低了定制化制造门槛,具有任意复杂结构的产品都能够用 3D 打印技术直接制造出来,从而使产品的个性化、定制化设计与生产成为可能。

3) 3D 打印技术大大降低了对制造人员的技能要求。对于传统制造技术,制造人员需掌握一定的制造技能后才能够上岗操作,而 3D 打印技术并不需要过多的人工干预,设备操作简便,大大降低了对制造人员的技能要求。

1.2　3D 打印技术的工艺分类

经过多年的发展,产生了许多不同工艺形式的 3D 打印技术。根据 2018 年发布的 GB/T 35021—2018《增材制造　工艺分类及原材料》国家标准,3D 打印技术从工艺原理上可以分为立体光固化、材料喷射、粘结剂喷射、粉末床熔融、材料挤出、定向能量沉积、薄材叠层、复合增材制造等不同工艺类型,如表 1-1 所示。下面分别进行详细介绍。

表 1-1　GB/T 35021—2018 界定的 3D 打印基本工艺类型

序号	工艺类型	定　义	典型商业化技术
1	立体光固化	通过光致聚合作用选择性地固化液态光敏聚合物的 3D 打印工艺	立体光固化成型技术(SLA)、数字光处理技术(DLP)
2	材料喷射	将材料以微滴的形式按需喷射沉积的 3D 打印工艺	聚合物喷射(Polyjet)技术、纳米粒子喷射(NPJ)技术
3	粘结剂喷射	选择性喷射沉积液态粘结剂粘结粉末材料的 3D 打印工艺	三维打印(3DP)技术
4	粉末床熔融	通过热能选择性地熔化或烧结粉末床区域的 3D 打印工艺	选择性激光烧结(SLS)技术、选择性激光熔融(SLM)技术、电子束熔炼(EBM)技术
5	材料挤出	将材料通过喷嘴或孔口挤出的 3D 打印工艺	熔融沉积成型(FDM)技术
6	定向能量沉积	利用聚焦热能将材料同步熔化沉积的 3D 打印工艺	激光近净成型(LENS)技术
7	薄材叠层	将薄层材料逐层粘结以形成实物的 3D 打印工艺	叠层实体制造(LOM)技术
8	复合增材制造	在增材制造单步工艺过程中,同时或分步结合一种或多种增材制造、等材制造或减材制造技术,完成零件或实物制造的工艺	

1.2.1　立体光固化

立体光固化是通过光致聚合作用选择性地固化液态光敏聚合物的一类 3D 打印工艺。根据能量光源的不同，立体光固化又分为以 SLA 技术为代表的采用激光光源的光固化工艺和以 DLP 技术为代表的采用受控面光源的光固化工艺，两种典型的光固化工艺原理示意图如图 1-2 所示。

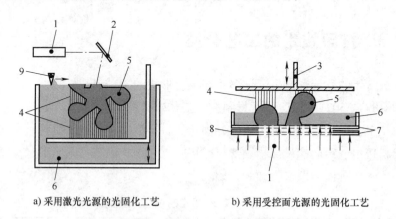

a) 采用激光光源的光固化工艺　　　　b) 采用受控面光源的光固化工艺

图 1-2　两种典型的光固化工艺原理示意图

1—能量光源　2—扫描振镜　3—成型和升降平台　4—支撑结构　5—成型工件
6—装有光敏树脂的液槽　7—透明板　8—遮光板　9—重新涂液和刮平装置

如图 1-2a 所示，立体光固化成型（Stereo Lithography Apparatus，SLA）技术以液槽中的光敏树脂为固化材料，通过计算机控制紫外激光的运动，沿着零件的各分层截面信息在光敏树脂表面进行逐点扫描，被扫描到的区域的树脂薄层产生光聚合反应而固化，而未被扫描到的光敏树脂仍保持液态。当一层树脂固化完毕后，工作台下降一个分层厚度的距离，以使在原先固化好的树脂表面再敷上一层新的液态树脂，用以进行下一次的扫描固化。新固化的一层牢固地粘接在前一层上，如此循环往复，直至整个零件打印完毕。

数字光处理（Digital Light Processing，DLP）技术和 SLA 技术十分相似，都是以逐层打印的方式把物品打印成型，而且同样是利用液态光敏树脂作为原材料，打印时也需要添加支撑。但是与 SLA 的点状投射不同，DLP 是以投影机投影方式去将液态光敏树脂光固化，一次性投出一个截面的图形，使得每次固化成型一个截面，从而大大加快了打印速度。DLP 技术原理示意图如图 1-2b 所示。将 DLP 投影机置于盛有光敏树脂的液槽下方，其成像面正好位于液槽底部，通过能量和图形控制，可固化一定厚度和形状的薄层。固化后的树脂牢牢黏在工作平台上；接着工作台上升一层，DLP 投影机继续投在树脂液槽固化出第二层，并与上一层粘结在一起。这样通过逐层固化的方式，直至制作出整个三维实体零件，成型后的零件将会牢牢地黏在工作平台上。

立体光固化工艺的原材料包括液态或糊状的光敏树脂，可加入填充物。结合机制是通过化学反应固化；激活源是能量光源照射。立体光固化工艺的优点是尺寸精度高，成型表面质量高，能够一定程度地替代传统的 NC 加工塑料件，特别适合制作结构复杂、尺寸比较精细的产品模型，还可以用作翻模的模型件。其缺点是成型过程需要设计与制作支撑结构，成型件强度较差、易断裂，为提高成型件的使用性能和尺寸稳定性，通常需要进行二次固化。

1.2.2　材料喷射

材料喷射是将材料以微滴的形式按需喷射沉积的一类 3D 打印工艺。其工艺原理示意图如图 1-3 所示。

根据成型材料的不同，材料喷射成型主要分为以下两种：

1. 聚合物喷射（Polyjet）技术

Polyjet 技术是以色列公司 Objet 于 2000 年推出的专利技术。在成型原理上 Polyjet 与 SLA 本质相同，都是通过紫外光将液态的光敏树脂进行固化成型，只不过 Polyjet 是"边喷射边固

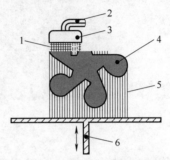

图 1-3　材料喷射工艺原理示意图
1—成型材料微滴　2—成型材料和支撑材料的供料系统（为可选部件，根据具体的成型工艺来定）　3—分配（喷射）装置（辐射光或热源）　4—成型工件　5—支撑结构　6—成型和升降平台

化"。在计算机的控制下，光敏树脂被按照零件的各分层截面轮廓喷射到工作台上后，紫外光灯随即发射出紫外光对光敏树脂材料进行固化。完成一层的喷射打印和固化后，工作台会下降一个层厚的距离，喷头继续喷射打印材料进行下一层的打印和固化。如此循环往复，直至完成整个零件。在成型过程中除了要使用用来生成实体的光敏树脂材料，还有一种用来打印支撑的光敏树脂材料，当完成整个工件打印过程后，需要使用水枪等工具将这些支撑材料去除掉。

该技术的优点是：①成型工件的精度和表面质量均较高，最薄层厚度能达到 16μm。②能够实现多种不同性质材料的同时成型。③能够实现彩色打印。④适合于普通的办公室环境。其缺点是：①成本较高，目前该技术的设备、材

料及维护费用均较高。②与 SLA 等技术相比，打印速度较慢。

2. 纳米粒子喷射（Nano Particle Jetting，NPJ）技术

NPJ 技术直接喷射含金属粉末或陶瓷颗粒的油墨成型零件，将包裹有纳米金属粉、陶瓷粉或支撑粒子的液体装入打印机并喷射在构建平台上，构建腔内的高温会使得液体蒸发，留下一个固体金属零件，如图 1-4 所示。

图 1-4　纳米粒子喷射（NPJ）技术示意图

NPJ 技术的优点是：①打印产品的精度和表面光洁程度都比较高，不用进行打磨等后处理操作。②用这种方法制造出来的零件质量比较高，在切向力、抗拉强度及其他力学性能方面，几乎和铸造金属零件相当。③支撑结构可以用不同的材料做成，而且更容易去除掉。这将为设计师提供更多的自由发挥空间。目前设计师在使用传统的金属打印机时仍会受到诸多限制，不得不将零件拆分成几块进行设计和打印；复杂的打印件往往会要求支撑结构，而拆除支撑结构会增加后生产时间和总体成本。④无须惰性气体或者真空环境，更加安全。⑤材料选择方便，颗粒度也可调节。⑥整个打印过程几乎不需要人为干预，操作简便。其缺点是纳米材料成本较高。

1.2.3　粘结剂喷射

粘结剂喷射是选择性喷射沉积液态粘结剂粘结粉末材料的一类 3D 打印工艺。其工艺原理示意图如图 1-5 所示。首先在成型室工作台上均匀地铺上一层粉末材料（金属、陶瓷、塑料等），然后喷头按照零件截面形状将粘结剂有选择性地喷射到已铺好的粉末上，将成型材料粘结形成实体截面。一层打印结束后，工作台降低一个层厚重新铺粉再喷射粘结剂，重复该过程直到整个零件打印完成。最后，在零件打印完毕后，工作人员把零件从工作台上拿出来，去除表面残留粉末，并进行后处理，例如将蜡、环氧树脂和其他胶黏剂用于聚合物材料的浸渗和强化，而对于金属和陶瓷材料，则通常使用高温烧结、热等静压或浸渗熔融材料等方法来进行强化。三维打印（Three Dimensional Printing，3DP）技术是粘结剂喷射工艺的典型代表技术。

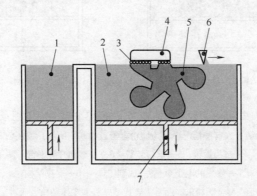

图 1-5　粘结剂喷射工艺原理示意图

1—粉末供给系统　2—粉末床内的材料　3—液态粘结剂　4—含有与粘结剂供给系统接口的分配（喷射）装置　5—成型工件　6—铺粉装置　7—成型和升降平台

　　粘结剂喷射的原材料是粉末、粉末混合物或特殊材料，以及液态粘结剂、交联剂；结合机制是通过化学反应和（或）热反应固化粘结；激活源取决于粘结剂和（或）交联剂，与所发生的化学反应相关。粘结剂喷射技术的优点是：①与其他技术相比，由于无须复杂昂贵的激光系统，设备整体造价大大降低。②成型速度快。③无须支撑结构。④能够实现彩色打印。其缺点是：①粉末粘结获得的直接成品强度较低，需要进行一系列后处理工艺来进行性能强化。②由于成型原理的局限性，成型工件表面粗糙，并且有明显的颗粒感。

1.2.4　粉末床熔融

　　粉末床熔融是通过热能选择性地熔化或烧结粉末床区域的一类 3D 打印工艺。典型的粉末床熔融工艺目前主要有三种：选择性激光烧结（Selective Laser Sintering，SLS）技术、选择性激光熔融（Selective Laser Melting，SLM）技术以及电子束熔炼（Electron Beam Melting，EBM）技术，其中 SLS 和 SLM 属于基于激光的粉末床熔融工艺，而 EBM 属于基于电子束的粉末床熔融工艺，其工艺原理示意图如图 1-6 所示。

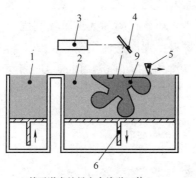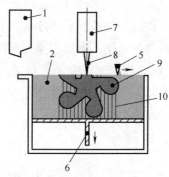

a) 基于激光的粉末床熔融工艺　　　　　　　b) 基于电子束的粉末床熔融工艺

图 1-6　两种典型的粉末床熔融工艺原理示意图

1—粉末供给系统（在有些情况下，为储粉容器，如 b 图所示）　2—粉末床内的材料

3—激光　4—扫描振镜　5—铺粉装置　6—成型和升降平台　7—电子枪

8—聚焦的电子束　9—成型工件　10—支撑结构

注：对于成型金属粉末，通常需要成型基板和支撑结构；而对于成型

聚合物粉末，通常不需要上述基板和支撑结构。

1. 选择性激光烧结（SLS）技术

SLS 制造系统主要由激光器、扫描振镜、工作台、粉末供给系统、铺粉辊和工作缸等组成。其成型原理为：采用铺粉装置预先在工作台上铺上一层粉末材料（金属粉末或非金属粉末），并加热至恰好低于该粉末烧结点的某一温度，激光束在计算机的控制下，按照截面轮廓的信息在粉层上扫描，使粉末的温度升高到熔点并进行烧结固化，在非烧结区的粉末仍然呈松散状，作为工件和下一层粉末的支撑。当一层截面烧结完成后，工作台下降一个层厚的距离，再进行下一层的铺粉和烧结，直至完成整个零件。SLS 使用的激光器是 CO_2 激光器。

SLS 技术的优点是：①打印的材料种类广泛。从原理上来说，任何受热能够形成原子间粘结的粉末材料都可以作为 SLS 的成型材料，目前可成功进行成型加工的材料有尼龙、蜡、金属、陶瓷等。②成型的零件强度较高，可以直接作为终端产品使用。③材料利用率高。其缺点是：①成型件表面比较粗糙。②烧结过程有异味。③加工时间较长。④由于使用了大功率激光器，除了本身的设备以外，还需要很多辅助保护工艺，整体技术难度较大，制造和维护成本较高。

2. 选择性激光熔融（SLM）技术

SLM 技术是在 SLS 技术基础上发展起来的一种直接金属成型技术，于

1995 年由德国 Fraunhofer 激光技术研究所提出，其成型原理与 SLS 技术类似。SLM 技术需要使金属粉末完全熔化，直接成型金属件，因此需要高功率密度激光器。激光束开始扫描前，水平铺粉辊先把金属粉末平铺到加工室的基板上，激光束将按当前层的轮廓信息选择性地熔化基板上的粉末，加工出当前层的轮廓，然后可升降系统下降一个层厚的距离，滚动铺粉辊再在已加工好的当前层上铺金属粉末，设备调入下一图层进行加工，如此层层加工，直到整个零件加工完毕。整个加工过程在抽真空或通有保护气体的加工室中进行，以避免金属在高温下与其他气体发生反应。

　　SLM 技术的优点是：①可直接制造金属功能件，无须中间工序。②SLM 工艺过程中金属粉末在高能激光辐照下完全熔化，从而使金属粉末颗粒之间产生冶金结合，加工的零件不需要后处理、致密度高，并且具有较好的力学性能。③粉末材料可为单一材料，也可为多组元材料，原材料无须特别配制。基于上述优点，SLM 技术成为近年来 3D 打印技术的主要研究热点和发展趋势。

　　虽然 SLS 和 SLM 都能够制造金属零件，二者的区别主要在于：①SLS 是选择性激光烧结，所用的原材料是经过处理的高熔点的金属粉末与低熔点金属或者高分子材料的混合粉末，在加工的过程中低熔点的材料部分熔化，但高熔点的金属粉末是不熔化的。利用被熔化的材料实现粘结成型。因此金属粉末烧结成型后存在孔隙，力学性能较差，还需要粉末冶金的烧结工序才能形成最终的金属功能件。② SLM 是选择性激光熔融，顾名思义也就是在加工的过程中用激光使粉体完全熔化，不需要黏结剂，因此成型的精度和力学性能都比 SLS 要好。

3. 电子束熔炼（EBM）技术

　　EBM 技术是一种新兴的先进金属成型制造技术。其技术原理与 SLM 大致相同，最大的区别是能量源从激光换成了电子束。其实现过程是：将零件的三维实体模型数据导入 EBM 设备，在 EBM 设备的工作仓内平铺一层金属粉末，利用高能电子束经偏转聚焦后在焦点所产生的高密度能量，根据截面轮廓的信息对金属粉末进行有选择的扫描，被扫描到的金属粉末层产生高温熔融和凝固，加工出当前层的轮廓；然后可升降系统下降一个层厚的距离，铺粉器重新铺放新一层金属粉末，这个逐层"铺粉—熔化"的过程反复进行直到整个零件加工完毕。

　　与 SLM 技术相比，EBM 技术在真空环境下成型，大大降低了金属氧化的程度；同时真空环境也提供了一个良好的热平衡系统，从而提高了成型稳定性；另外，由于电子束的转向不需要移动部件，所以加快了扫描和成型的速度。

1.2.5 材料挤出

材料挤出是将材料通过喷嘴或孔口挤出的一类 3D 打印工艺，其工艺原理示意图如图 1-7 所示。首先将丝状的热熔性材料加热熔化到半流体形态，然后在计算机的控制下，根据截面轮廓信息，通过带有微细喷嘴的喷头挤压出来，凝固后形成轮廓状的薄层。一个层面沉积完成后，工作台下降一个分层厚度的高度，再继续熔融沉积，直至完成整个实体零件。熔融沉积成型（Fused Deposition Modeling，FDM）技术是材料挤出工艺的典型代表技术。

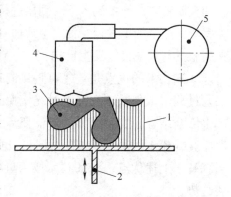

图 1-7　材料挤出工艺原理示意图
1—支撑材料　2—成型和升降平台　3—成型工件　4—加热喷嘴　5—供料装置

材料挤出的原材料是线材或膏体，典型材料包括热塑性材料和结构陶瓷；结合机制是通过热粘结或化学反应粘结；激活源是热、超声或部件之间的化学反应；二次处理方法是去除支撑结构。

材料挤出工艺的成型零件强度较高，但成型时间较长，需要设计与制作支撑结构，成型件表面有明显的条纹，而且存在明显的各向异性（沿着成型高度的方向强度较高，而垂直于成型高度的方向强度比较弱）。

1.2.6 定向能量沉积

定向能量沉积是金属材料在沉积过程中实时送入熔池，利用聚焦热能将材料同步熔化沉积的一类 3D 打印工艺，其工艺原理示意图如图 1-8 所示。

定向能量沉积原材料是粉材或丝材，典型材料是金属，为实现特定用途，可在基体材料中加入陶瓷颗粒；结合机制是热反应固结（熔化和凝固）；激活源是激光、电子束、电弧或等离子束等；二次处理方法是降低表面粗糙程度的工艺，例如机械加工、喷丸、激光重熔、打磨或抛光，以及提高材料性能的工艺，例如热处理。

激光近净成型（Laser Engineering Net Shaping，LENS）技术是定向能量沉积的典型代表技术。LENS 技术是在同步送粉法的激光熔覆技术的基础上发展

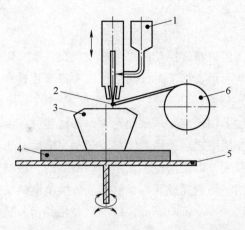

图 1-8　定向能量沉积工艺原理示意图

1—送粉器　2—定向能量束（例如激光、电子束、电弧或等离子束）

3—成型工件　4—基板　5—成型工作台　6—丝盘

注：1. 喷嘴和成型工作台的移动可以实现多轴（通常为 3～6 轴）联动。

　　2. 可采用多种供料系统，例如，能量束中平行供粉，

　　或者能量聚焦点处供粉，或者能量聚焦点处供丝材。

起来的一种金属零件 3D 打印制造技术。该技术由美国 Sandia 国家实验室在 1995 年首先提出，美国 Optomec 公司于 1997 年实现了对其商业化的运作。其成型系统主要包括激光能源系统、金属粉送进系统和惰性环境保护系统等。其成型原理是：首先在计算机中将零件的三维 CAD 模型按照一定的厚度分层"切片"，即将零件的三维数据信息转换成一系列的二维截面轮廓信息；然后，LENS 聚焦激光束在计算机控制下，按照预先设定的工艺路径，进行移动，以高能激光束局部熔化金属表面形成熔池，同时用送粉器将金属粉末喷入熔池并与基体金属冶金结合，使之按照由点到线、由线到面的顺序凝固，从而完成一个层截面的打印工作。这样逐层叠加，最终制造出近净形的三维金属零件实体。

与常规的零件制造方法相比，LENS 技术极大地降低了对零件可制造性的限制，提高了设计自由度，并且其力学性能达到锻造水平。可制造出形状结构复杂的金属零件或模具、化学成分连续变化的异质材料或功能梯度材料，并且还能对复杂零件和模具进行修复。此外，LENS 技术还可以应用在航空航天领域，实现对大型难熔合金零件的直接制造。由于使用的是高功率激光器进行熔覆烧结，经常出现零件体积收缩过大的现象，并且烧结过程中温度很高，粉末受热急剧膨胀，容易造成粉末飞溅，浪费金属粉末。

1.2.7　薄材叠层

薄材叠层是将薄层材料逐层粘结以形成实物的一类 3D 打印工艺，其工艺原理示意图如图 1-9 所示。加工时，热粘压机构将薄片材料（如底面有热熔胶的纸、塑料薄膜等）进行热压，使之与下面已成型的工件粘结在一起，切割系统在刚粘结的新层上切割出零件截面轮廓，并将零件截面轮廓以外的区域切割成小方网格以便在成型之后能剔除废料。切割完成后，工作台带动已成型的工件下降一个材料厚度，以便送进、粘结和切割新的一层材料。如此反复直至零件的所有截面粘结、切割完成后，最终形成分层制造的实体零件。叠层实体制造（Laminated Object Manufacturing，LOM）技术是薄材叠层工艺的典型代表技术。

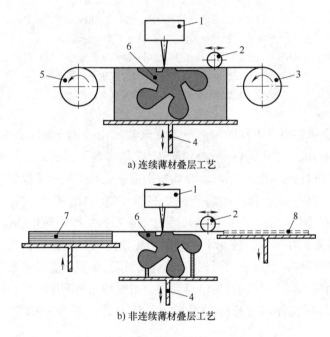

a) 连续薄材叠层工艺

b) 非连续薄材叠层工艺

图 1-9　薄材叠层工艺原理示意图

1—切割装置　2—压辊　3—送料辊　4—成型和升降平台
5—收料辊　6—成型工件　7—原材料　8—废料

薄材叠层的原材料是片材，典型材料包括纸、金属箔、聚合物或主要由金属或陶瓷粉末材料通过粘结剂粘结而成的复合片材；结合机制是通过热反应与化学反应结合，或者超声连接；激活源是局部或大范围加热，化学反应和超声换能器；二次处理方法是去除废料或烧结、渗透、热处理、打磨、机械加工等提高工件表面质量的处理工艺。

薄材叠层的原材料价格便宜，制作成本低，无须后固化处理，无须设计和制作支撑结构。但此技术打印出产品的工件表面粗糙，有台阶纹（成型后需要进行表面打磨）。与 FDM 类似，成型件在力学等性能上存在明显的各向异性，工件（特别是薄壁件）在叠层方向上的抗拉强度和弹性不够好。

1.2.8　复合增材制造

复合增材制造是在增材制造单步工艺过程中，同时或分步结合一种或多种增材制造、等材制造或减材制造技术，完成零件或实物制造的工艺。复合增材制造工艺涉及的原材料、结合机制、激活源、二次处理根据相关增材制造工艺确定。

定向能量沉积工艺与切削或锻压工艺相结合的复合增材制造如图 1-10 所示，粉末床熔融工艺与切削工艺相结合的复合增材制造工艺原理示意图如图 1-11 所示。

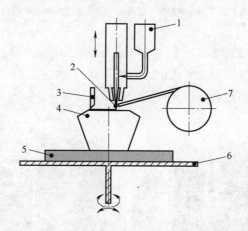

图 1-10　基于定向能量沉积的复合增材制造工艺原理示意图

1—送粉器　2—定向能量束（例如：激光、电子束、电弧或等离子束）

3—刀具或轧辊　4—成型工件　5—基板　6—成型工作台　7—丝盘

注：1. 喷嘴和成型工作台的移动可以实现多轴（通常为 3~6 轴）联动。

2. 可采用多种供料系统，例如，能量束中平行供粉，

或者能量聚焦点处供粉，或者能量聚焦点处供丝材。

DMG MORI 公司 2015 年推出 LASERTEC 65 3D 复合加工机床，在全功能五轴铣床上集成了增材式激光堆焊技术，如图 1-12 所示。该机床的工作原理是：粉末喷嘴将合金钢（例如不锈钢、工具钢或镍基合金等）的金属粉逐层

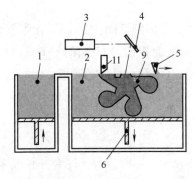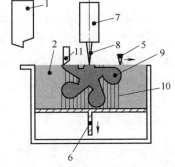

a) 基于激光粉末床熔融的复合增材制造工艺　　　　b) 基于电子束粉末床熔融的复合增材制造工艺

图 1-11　基于粉末床熔融的复合增材制造工艺原理示意图

1—粉末供给系统（在有些情况下，为储粉容器，如 b 图所示）　2—粉末床内的材料　3—激光
4—扫描振镜　5—铺粉装置　6—成型和升降平台　7—电子枪　8—聚焦的电子束
9—成型工件　10—支撑结构　11—刀具
注：对于成型金属粉末，通常需要成型基板和支撑结构；
而对于成型聚合物粉末，通常不需要上述基板和支撑结构。

喷在基材上，在激光束的加热下金属粉达到熔点与基础材质熔合在一起；在上述过程中，用惰性气体避免氧化；金属层冷却成型，然后进行铣削加工；铣削加工和激光加工之间能够进行全自动切换。

图 1-12　DMG MORI 公司推出的 LASERTEC 65 3D 复合加工机床

　　LASERTEC 65 3D 能够完整地加工带底切的复杂工件，能进行修复加工，例如对模具、机械零件，甚至医疗器械零件进行局部或者全面的喷涂加工，其沉积速度达 1kg/h，比铺粉激光烧结法制造零件的速度快 10 倍。

　　日本沙迪克公司（Sodick）开发了 OPM250L 和 OPM350L 增减材复合数控机床，将高速铣削和 SLM 增材生产结合在一起，能够实现高精度的成型效果。

图 1-13 所示为 OPM350L 复合加工机床，其工作原理是：先用激光照射烧结方式将金属粉末熔融烧结，然后再用旋转刀具进行高速铣削精加工。该设备通过并行模式高速控制激光器，实现多处同时加工，此外，根据被加工件的 3D 形状，对激光的积层次数与刀具切削加工的平衡性进行最佳优化，可大幅缩短切削加工时间。上述增减材复合数控机床的出现为金属加工制造提供了"一站式解决方案"；充分发挥出高速铣削和 SLM 增材生产二者的优势，使得同时实现任意复杂性的造型加工以及高精度精加工变为可能。

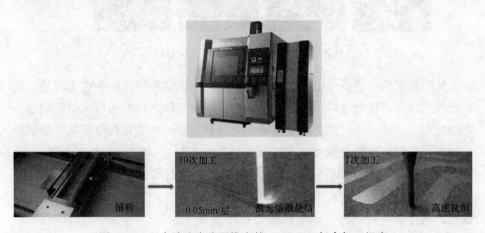

图 1-13　日本沙迪克公司推出的 OPM350L 复合加工机床

　　相比于国外，国内对基于增/减材复合制造技术的研究开展较晚，研究比较少。华中科技大学张海鸥教授针对常规金属 3D 打印零件存在的缺陷，例如金属抗疲劳性严重不足、制件性能不高以及存在气孔和未熔合部分等问题，开发出了智能微铸锻铣复合制造技术以及微铸锻同步复合制造设备，创造性地将金属铸造、锻压技术合二为一，实现了我国首超西方的微型边铸边锻的颠覆性原始创新。该技术大幅提高了制件的强度和韧性，提高了构件的疲劳寿命和可靠性；同时省去了传统巨型压力机的成本，可通过计算机直接控制成型路径。经由这种微铸锻生产的零部件，各项技术指标和性能均稳定地超过传统锻件。

1.2.9　新涌现的 3D 打印技术

1. 惠普的多射流熔融 3D 打印技术

　　多射流熔融（Multi Jet Fusion，MJF）3D 打印技术由美国惠普公司于 2016 年正式推出，被认为新兴 3D 打印制造技术的一大中坚力量。MJF 技术实现了在更快的 3D 打印过程中，制造出高质量、高精度的零部件，其成型步骤如图 1-14 所示,共包括四步,分别是铺设成型粉末、喷射助熔剂 (Fusing agent)、喷射细化剂 (Detailing agent)、在成型区域施加能量使粉末熔融。

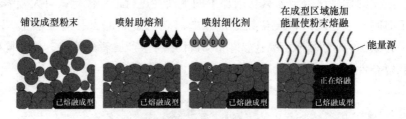

图 1-14　MJF 技术工作原理示意图

　　MJF 技术的核心是位于工作台上的两个模块:铺粉模块和热喷头模块。铺粉模块用来在打印台上铺设粉末材料,形成对象实体。热喷头模块喷射熔融剂和细化剂这两种化学试剂,负责喷涂、上色和熔合,使部件获得所需要的强度和纹理。热喷头模块是惠普这款打印机的最大亮点——它能以 3000 万滴/(s·in) (1in = 0.0254m) 的速度喷射上述两种试剂。打印时,铺粉模块首先在工作仓内铺平一层均匀的粉末,然后,热喷头模块从左到右移动并喷射两种化学试剂,通过模块两侧的热源加热熔化打印区域的材料。当一层截面烧结完成后,工作台下降一个层厚的距离,铺粉模块再次铺粉,热喷头模块接着再次喷射试剂和加热,循环往复直至完成整个模型。助熔剂喷洒在需要熔化的区域,可提高材料熔化的质量和速度,而细化剂则喷洒在熔化区域的边缘,以保证边缘表面光滑以及精确的成型。

　　除了助熔剂和细化剂,MJF 技术还可以利用其他添加剂来改变每个容积像素(或立体像素)的属性,这些添加剂被称为 MJF 转化剂。例如,每个立体像素可含有青色、品红色、黄色或黑色(CMYK)的转化剂,实现 3D 打印物体彩色打印。通过控制基础粉末材料、助熔剂、细化剂和转化剂之间的相互作用,可以制造具有可控变量(包括不同材料、功能、颜色、透明性等)的单一部件。MJF 技术使得超越想象力的设计和制造成为可能。

　　该技术具有以下特点:①加工速度快。MJF 技术的加工速度比 SLS、FDM 等技术快 10 倍,而且不会牺牲打印精度。②用 MJF 技术打印出来的部件具有较高的强度和表面质量,可以直接作为终端产品使用。③MJF 技术材料的可重用性高。高强度尼龙 12 粉末材料重复利用率达 80%,而普通 SLS 技术的重复利用率大约是 50%。④ MJF 技术能够在"体素"级彻底改变产品的色彩、质感和力学性能。3D 体素相当于传统打印中的 2D 像素,是一种直径仅为 50μm 的 3D 度量单位，相当于人一根头发的宽度。通过灵活使用打印材料，MJF 技术可以创造具备传导型、韧性、内嵌数据和半透明特性的 3D 打印物体。

2. 连续液体界面制造技术

2015 年 3 月 20 日出版的《科学》杂志报道，美国北卡罗来纳大学的 DeSimone 教授带领的团队开发出了一种改进的光固化 3D 打印技术，称为连续液体界面制造技术（Continuous Liquid Interface Production，CLIP），这种技术可将传统的 3D 打印速度提高数十倍甚至上百倍，将为 3D 打印行业带来巨大变革。

CLIP 工作原理示意图如图 1-15 所示，其具体实现过程如下：首先创造一个特殊的既透明又透气的窗口，该窗口同时允许光线和氧气通过，通过精确控制紫外光和氧气来加工打印材料——光敏树脂。由于氧气能够阻止光敏树脂进行聚合成型（即氧阻聚效应），进入树脂槽的氧气会抑制离底部最近的一部分树脂固化，形成几十微米厚的"盲区"（dead zone）。同时，紫外光会固化盲区上方的光敏树脂，也就是说固化的打印件并没有像传统的 SLA 打印机那样黏在树脂槽底部，所以打印时无须缓慢剥离，从而可以做到连续打印，实现比普通光固化快得多的打印速度。

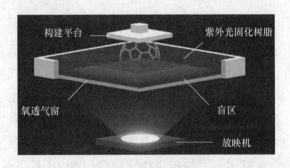

图 1-15　CLIP 工作原理示意图

CLIP 技术具有以下特点：①打印速度非常快，相比于其他打印技术速度提高了 25 ~ 100 倍。②与现有的 3D 打印技术相比，CLIP 技术打印制件表面更光滑细腻，质量更高。③采用新材料，比如合成橡胶、尼龙、陶瓷、硅氧树脂和可降解生物材料等，大大扩展了 3D 打印的材料范围。④CLIP 技术能够打印非常精细的物品（小于 20μm）。

3. 生物 3D 打印技术

生物 3D 打印是将生物制造与 3D 打印技术结合起来的一项新技术，是机械、材料、生物、医学等多学科交叉的前沿技术，为组织工程和再生医学领域的研究提供了新途径。

生物 3D 打印是将生物材料（水凝胶等）和生物单元（细胞、DNA、蛋白质等）按仿生形态学、生物体功能、细胞生长微环境等要求用 3D 打印的手段制造出具有个性化的生物功能结构体的制造方法，其原理如图 1-16 所示。目前生物 3D 打印在组织器官制造中的应用越来越广泛，主要包括软骨、皮肤、血管、肿瘤模型及其他复杂器官的打印等。

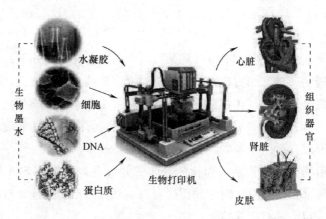

图 1-16　生物 3D 打印原理

4. 可改变形状的 4D 打印技术

在传统的 3D 打印系统中，材料是稳定且不会发生改变的，更不具有主动变形的功能，打印成型件为静态物体。4D 打印技术为 3D 打印技术和智能材料相结合的一种新兴的制造技术，是 3D 打印结构在形状、性质和功能方面的有针对性的演变。4D 打印技术能够实现材料的自组装、多功能和自我修复，它通过外界刺激和相互作用机制，借助 3D 模型的设计，能够制造出可改变的动态结构。因此，4D 打印技术的核心组成部分包括 3D 打印设备、刺激响应材料、外界刺激、相互作用机制和 3D 模型的设计。4D 打印技术在生物医药、军事、航天、建筑、文化创意等领域具有重要的研究价值和应用前景。

5. 微纳尺度 3D 打印技术

现有的 3D 打印技术已经实现了宏观尺度任意复杂三维结构的高效、低成本制造。近年来，微纳尺度 3D 打印技术日益受到关注和重视，它在复杂三维微纳结构、高深宽比微纳结构和复合（多材料）材料微纳结构制造方面具有很高的潜能和突出优势，而且还具有设备简单、成本低、效率高、可使用的材料种类广、无须掩模或模具、直接成型等优点。该技术目前已经被用于航空航天、组织工程、生物医疗、微纳机电系统、新材料、新能源、印刷电子、微纳光学器件等众多领域，其典型应用如图 1-17 所示。

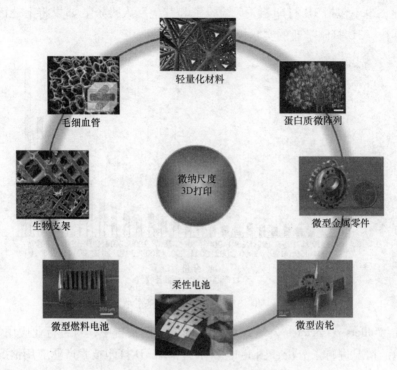

图 1-17　微纳尺度 3D 打印典型应用

1.3　3D 打印技术的发展现状

　　3D 打印行业的发展一直处于快速增长的趋势。根据美国专门从事 3D 打印技术咨询服务的 Wohlers Associates 公司发布的 2019 年度报告，2018 年全球 3D 打印产品和服务市场增长了 33.5%，达到 97.95 亿美元，如图 1-18 所示。在过去 30 年中，全球 3D 打印所有产品和服务的年平均收入增长率高达 26.9%。这个产业在过去的九年中经历了爆发式的增长，在这期间内 3D 打印市场增长了近 7.4 倍。在最近的四年（2015—2018）中，年平均收入的增长率为 24.4%。产品收入包括 3D 打印设备、系统升级、材料以及售后市场产品（例如软件、激光器等）带来的收入。服务收入包括制造服务提供商和设备制造商在 3D 打印设备上生产部件的收入，还包括设备维护合同、培训、会议、展

览、广告、出版物、研究和咨询服务等带来的收入。上述收入不包括生产飞机
零件、医疗和牙科产品、珠宝、眼镜、照明、艺术和雕像等公司生产的 3D 打
印零件的收入，这些 3D 打印应用型的公司正在发展中，数量相当大，但却难
以量化，也不包括 3D 打印相关风险投资和其他私人投资。如果将上述因素都
包含在内，3D 打印产业的实际规模要大很多。

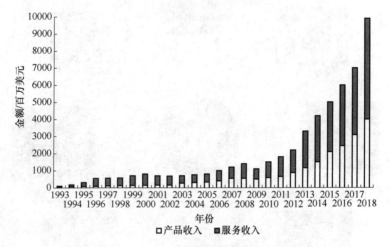

图 1-18　3D 打印产品和服务的收入

在 Wohlers Associates 公司 2019 年发布的年度报告中，对各行业应用 3D 打
印技术的情况进行了分析，图 1-19 所示为全球 3D 打印技术产业应用情况。从
主要行业分布来看，工业/商用机器约占 19.8%；汽车领域约占 19.6%；航空
航天领域为 17.7%；消费品/电子产品领域约占 13.6%；医疗/牙科领域约
占 11.5%。

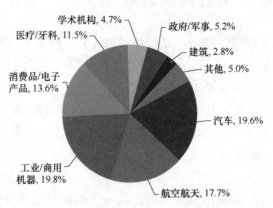

图 1-19　全球 3D 打印技术产业应用情况

（来源：Wohlers Associates 公司）

图 1-20 所示为 2018 年 3D 打印技术主要应用功能的分布比例。它主要包括：①最终用途零件；②功能模型，用于工程装配和功能测试；③外观和展示模型、直观教具；④教育、科研；⑤快速模具原型（如硅橡胶模具和精密铸造）和砂型模具；⑥夹具、检具；⑦金属模具，如随形冷却水路等；⑧其他应用。

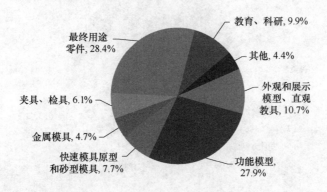

图 1-20 2018 年 3D 打印技术主要应用功能的分布比例

（来源：Wohlers Associates 公司）

其中最终用途零件的比例最高，为 28.4%；排在第二位的是功能模型，为 27.9%；二者合计比例高达 56.3%，远高于其他应用；第三大应用类型是外观和展示模型、直观教具，约占 10.7%；第四大应用类型是教育、科研，约占 9.9%。

目前 3D 打印技术已在全球范围内得到广泛关注和重视，世界上许多国家都在致力于发展和应用 3D 打印技术。图 1-21 所示为 3D 打印设备数量区域分布，从图中可以看出，欧洲、北美洲和亚太地区成为 3D 打印设备的主要需求市场。其中，2018 年北美占 37.1%，亚太地区占 29.9%，欧洲占 28.4%，其他地区占 4.6%。

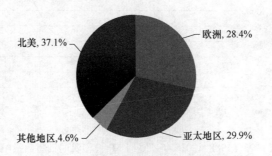

图 1-21 3D 打印设备数量区域分布

2018 年不同国家和地区 3D 打印设备数量情况分布如图 1-22 所示，其中美国的 3D 打印设备数量位居第一（占 35.3%），中国位居第二（占 12.1%），日本和德国分别位居第三和第四（分别占 9.2% 和 8.3%）。

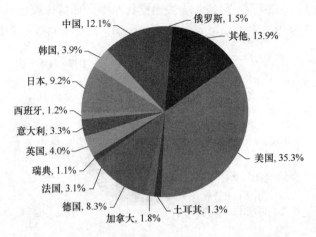

图 1-22   2018 年不同国家 3D 打印设备数量分布情况

按照售价的不同，通常将 3D 打印机分为工业级 3D 打印机和桌面级 3D 打印机两种。工业级 3D 打印机是指售价在 5000 美元及以上的设备，而售价低于 5000 美元的设备被称为桌面级 3D 打印机。图 1-23 所示为 1988～2018 年工业级 3D 打印机的销售数量情况。在 2018 年，有 19285 台工业级 3D 打印机被售出，相比于 2017 年 16369 台的售出数量增长了 17.8%，仍然保持了较高的增长速度。

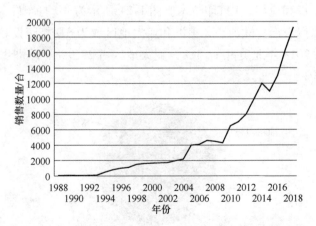

图 1-23   1988～2018 年工业级 3D 打印机的销售数量情况

图 1-24 所示为 2007～2018 年桌面级 3D 打印机销售数量的增长情况，从图中可以看出，2018 年桌面级 3D 打印机的销售数量约为 59.1 万台，较上年

增长 11.7%，相比于 2017 年 24.7% 和 2016 年 49.4% 的高增长率，增长速度明显放缓。

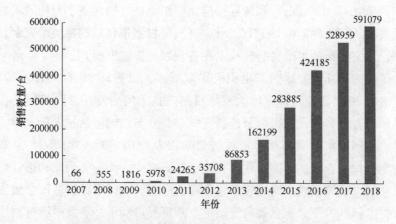

图 1-24　2007～2018 年桌面级 3D 打印机的销售数量

据 Wohlers Associates 公司预测，到 2024 年 3D 打印技术的年产值将达到 355.7 亿美元，如图 1-25 所示。

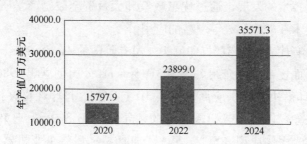

图 1-25　3D 打印技术未来几年的产业规模

1.3.1　3D 打印技术国外发展现状

3D 打印技术集合了信息网络技术与先进材料技术、数字制造技术，是先进制造业的重要组成部分，被称为第三次工业革命的标志性技术之一，正在推动智能制造、产品开发和生命科学领域的新一轮创新，已在全球范围内得到广泛关注和重视。

2012 年 3 月，美国白宫宣布了振兴美国制造的新举措，将投资 10 亿美元帮助美国制造体系的改革。其中，白宫提出实现该项计划的三大背景技术就包括了增材制造，强调了通过改善增材制造材料、装备及标准，实现创新设计的小批量、低成本数字化制造。2012 年 8 月，美国增材制造创新研究所成立，联合了宾夕法尼亚州西部、俄亥俄州东部和弗吉尼亚州西部的 14 所大学、40 余家企业、11 家非营利机构和专业协会。美国材料试验协会 ASTM（American Society of Testing Materials）和国际标准化组织 ISO 分别成立了专门的增材制造技术委员会 ASTM F42 和 ISO/TC 261，开展增材制造领域的标准研究制订和修订工作，进一步推动了增材制造技术在各领域的快速发展。

除了美国，其他发达国家也积极采取措施，以推动 3D 打印技术的发展。英国政府自 2011 年开始持续增大对增材制造技术的研发经费。英国工程与物理科学研究委员会中设有增材制造研究中心，参与机构包括拉夫堡大学、伯明翰大学、英国国家物理实验室、波音公司以及德国 EOS 公司等 15 家知名大学、研究机构及企业。德国建立了直接制造研究中心，主要研究和推动增材制造技术在航空航天领域中结构轻量化方面的应用。法国增材制造协会致力于增材制造技术标准的研究。在政府资助下，西班牙启动了一项发展增材制造的专项，研究内容包括增材制造共性技术、材料、技术交流及商业模式等四方面内容。澳大利亚政府于 2012 年启动"微型发动机增材制造技术"项目，旨在使用增材制造技术制造应用于航空航天领域的微型发动机零部件。日本政府也很重视增材制造技术的发展，通过优惠政策和大量资金鼓励产学研用紧密结合，有力促进该技术在航空航天等领域的应用。

在国外最有代表性的 3D 打印巨头公司有美国的 3D Systems、Stratasys、德国的 EOS，下面逐个简要介绍。美国 3D Systems 公司创立于 1986 年，是全球最大的 3D 打印解决方案供应商，提供 3D 打印机、打印耗材、打印软件和培训等产品及服务。作为全球 SLA 技术的领导者，3D Systems 于 1987 年推出了全球首款立体光固化成型（SLA）SLA-1 打印机；后将工业机器人与 3D 打印机相结合，于 2016 年推出了行业内首个模块化、可扩展和全集成的 3D 打印生产平台—Figure4。与传统 SLA 设备相比，Figure4 生产平台的生产效率快 50 倍以上，生产成本仅为原来的 80%，可以用于自动化生产和大规模制造。从 2001 年开始，3D Systems 公司陆续收购了几十家 3D 打印企业，以不断提升在其他 3D 打印技术方面的技术实力。2001 年，3D Systems 公司收购了 DTM 公司，DTM 公司是选择性激光烧结（SLS）技术的开发者；2012 年收购了彩色 3DP 技术领导者 Z Corporation 公司。目前，3D Systems 公司已经成为一家有能力提供集多种 3D 打印技术、3D 内容和 3D 设计服务于一体的综合平台公司，业务遍及汽车、航空航天、国防、消费品、建筑、医疗器械和牙科等许多领域。

Stratasys 公司是与 3D Systems 公司齐名的全球 3D 打印领域龙头企业，创立于 1989 年，是 3D 打印技术 FDM 的最早开发者。2012 年 Stratasys 公司和发明 PolyJet 技术的以色列 Objet 公司合并成立新的 Stratasys 公司，拥有了两种在性能上相互补充的主流 3D 打印技术：FDM 技术和 PolyJet 技术，这两种打印技术有各自的特点。FDM 技术可用于构建坚固耐用的零件，这些零件精度高、可重复使用，并且稳定可靠，但是表面比较粗糙；PolyJet 技术能够同时喷射不同的材料，在细节和表面光滑度方面表现优异，能够模拟出透明、柔软和坚硬的材料以及工程塑料，甚至还可以将多种颜色和材料性质融入一个模型。2013年 Stratasys 收购桌面级打印机公司 MakerBot，开始将 3D 打印装备从原来的工业制造领域等拓展到普通消费市场。2014 年 Stratasys 推出全球首款彩色多材料 3D 打印机 Objet 500 Connex3。通过对 Objet、MakerBot 等公司的并购，Stratasys 公司成为 3D 打印行业的领导者。近 30 年来，该公司已拥有 3D 打印相关技术超过 1200 项，涵盖了从设计原型到工具、模具制造，再到终端零件的整个产品生命周期，在航空航天、汽车、医疗、消费品和教育等行业都可以提供解决方案。Stratasys 公司已在全球安装了大量的原型和直接数字化生产系统，数量占有绝对优势。

德国 EOS 公司自 1989 年在德国慕尼黑成立以来，一直致力于 SLS、SLM 快速制造系统的研究开发与设备制造工作，已经成为全球一流的 SLS、SLM 快速成型系统的制造商，其装备的制造精度、成型效率及材料种类在同类产品中达到世界领先水平。EOS 公司生产的系列 SLS 设备，可用于铸造用蜡模、砂型制造，以及尼龙等塑料零件的直接制造。EOS 公司生产的 SLM 设备可以打印不锈钢、铝合金、钛合金、模具钢、高温合金等多种金属粉末材料，广泛应用于航空航天、医疗、汽车、家电等众多领域。

除了上述知名 3D 打印制造商外，其他较为著名的设备制造商还有 LENS 装备生产商美国 Optomec 公司、SLM 装备生产商德国 Concept Laser 公司、SLM 装备生产商德国 SLM Solutions 公司、EBM 装备生产商瑞典 Arcam 公司、SLM 装备生产商瑞英国 Renishaw 公司、MJF 装备生产商美国惠普公司、CLIP 装备生产商美国 Crabon3D 公司等，具体见表 1-2。

表 1-2　国外主要 3D 打印设备公司情况

序号	公司	主要产品与技术工艺
1	美国 3D Systems 公司	SLA、SLS、SLM、3DP 设备及材料
2	美国 Stratasys 公司	FDM、Polyjet 设备及材料
3	德国 EOS 公司	SLS、SLM 设备及材料
4	美国 Optomec 公司	LENS 设备
5	德国 Concept Laser 公司	SLM 设备及材料

（续）

序号	公司	主要产品与技术工艺
6	德国 SLM Solutions 公司	SLM 设备及材料
7	英国 Renishaw 公司	SLM 设备及材料
8	瑞典 Arcam 公司	EBM 设备及材料
9	美国惠普公司	MJF 设备及材料
10	美国 Crabon3D 公司	CLIP 设备及材料

1.3.2 3D 打印技术国内发展现状

中国 3D 打印技术自 20 世纪 90 年代初开始发展，清华大学、北京航空航天大学、华中科技大学、西安交通大学、西北工业大学等高校在典型的成型设备、软件、材料等方向的研究和产业化方面获得了重大进展，接近国外产品水平。这些最早接触 3D 打印的高校研究力量带动了北京殷华激光快速成形与模具技术有限公司（北京太尔时代科技有限公司的前身）、江苏永年激光成形有限公司、陕西恒通智能机器有限公司、西安铂力特增材技术股份有限公司、武汉华科三维科技有限公司、北京增材制造技术研究院有限公司等的创立和发展，随后国内其他许多高校和研究机构也开展了相关研究。国内研究 3D 打印技术的主要高校及其相关创办企业见表 1-3。

表 1-3 国内研究 3D 打印技术的主要高校及其相关创办企业

序号	高校/带头人	主要技术领域	相关创办企业
1	清华大学/颜永年	FDM 技术	北京殷华激光快速成形与模具技术有限公司、江苏永年激光成形有限公司、北京太尔时代科技有限公司
2	北京航空航天大学/王华明	LENS 技术	北京增材制造技术研究院有限公司
3	华中科技大学/史玉升	LOM、SLS、SLM 技术	武汉华科三维科技有限公司
4	西安交通大学/卢秉恒	SLA 技术	陕西恒通智能机器有限公司
5	西北工业大学/黄卫东	SLM、LENS 技术	西安铂力特增材技术股份有限公司

清华大学于 1988 年成立了国内首个快速成型实验室——清华大学激光快速成型中心，率先开展 FDM 快速成型技术的研究与开发，成功开发了多系列低成本 FDM 设备，并通过北京殷华激光快速成形与模具技术有限公司和北京太尔时代科技有限公司实现了商品化。1998 年，将制造科学引入到生命科学

领域提出了"生物制造工程"学科概念和框架体系，并研发了多台生物材料快速成型机。

北京航空航天大学从 2000 年开始，面向航空航天等重大装备制造业发展的战略需求，在 LENS 金属直接制造方面开展了长期的研究工作，突破了钛合金、超高强度钢等难加工大型整体关键构件激光成型工艺、成套装备和应用关键技术，解决了大型整体金属构件激光成型过程零件变形与开裂瓶颈难题和内部缺陷与内部质量控制及其无损检验关键技术，飞机构件综合力学性能达到或超过钛合金模锻件，使我国成为目前世界上唯一突破飞机钛合金大型主承力结构件激光快速成型技术，并实现装机应用的国家。该技术已经成功应用于大型客机 C919 等多种型号飞机和发动机的制造上。依托上述领先的高性能大型金属增材制造技术，于 2014 年成立了北京增材制造技术研究院有限公司。公司紧密结合产学研用，面向三航（航空、航天、航海）及热核聚变反应堆等高端重大装备制造业发展的战略需求，致力于钛合金、高强钢、铝合金、镍基合金、热核聚变反应堆用特殊合金等高性能难加工大型复杂关键金属构件 3D 打印工艺、装备、材料及应用关键技术的工程化应用研发和产业化推广。

西安交通大学于 1993 年在国内率先开展 SLA 技术的研究，于 1997 年研制出国内第一台光固化成型机，并于 2005 年成立了快速制造国家工程研究中心。快速制造国家工程研究中心子公司陕西恒通智能机器有限公司，主要研制、生产和销售各种型号的激光快速成型设备、自主开发的光敏树脂材料以及快速模具设备，同时从事快速原型制作、快速模具制造以及逆向工程服务。近年来西安交通大学已在全国范围内成功建设了 20 多家产学研相结合的推广基地和示范中心。2017 年西安交通大学联合西北工业大学等其他单位在西安成立了国家增材制造创新中心。

华中科技大学 1991 年成立快速制造中心，在国内率先开展 LOM 技术研究，并于 1997 年研制出 LOM 设备。随后致力于 SLS、SLM 技术的开发，并于 2000 年左右研制成功了基于 CO_2 激光器的 HRP 型 SLS 装备。在 SLS 技术基础上，华中科技大学从 2003 年左右开始研发直接制造金属零部件的 SLM 技术与装备。后来，又在大型复杂制件整体成型的关键技术方面获得突破，研制出了当时世界上最大成型空间（$1.2m \times 1.2m$）基于粉末床的激光烧结 3D 打印技术，获得了 2011 年"国家技术发明"二等奖，并入选当年中国十大科技进展。通过转化技术，华中科技大学先后成立了武汉滨湖机电技术产业有限公司和武汉华科三维科技有限公司，这些企业成为 3D 打印设备研发和制造领域的领军企业。

西北工业大学凝固技术国家重点实验室于 1995 年开始研究 SLM、LENS 金属直接制造技术，在金属材料的打印和金属构件的修复再制造等领域取得了许多开创性的成果。已研制出的具有自主知识产权的系列化激光打印和修复再制造装备，可满足大型机械装备的大型零件及难拆卸零件的原位修复和再制造。应用该技术实现了 C919 飞机大型钛合金零件 3D 打印成型制造，为满足航空航天领域不断提升的制造技术要求提供了新的设计和制造工艺。2011 年率先实现商业化，成立西安铂力特增材技术股份有限公司，它目前已经成为国内规模最大的金属 3D 打印技术全套解决方案提供商之一。

除了上述主要研究高校相继创办企业外，国内还有许多 3D 打印设备研发和制造公司，具有代表性的有上海联泰科技股份有限公司、湖南华曙高科技有限责任公司、武汉易制科技有限公司、珠海赛纳打印科技股份有限公司等，见表 1-4。

表 1-4　国内其他主要 3D 打印设备公司情况

序号	公司	主要产品与技术工艺
1	上海联泰科技股份有限公司	SLA 设备
2	吴江中瑞机电科技有限公司	SLA、SLS、SLM 设备
3	湖南华曙高科技有限责任公司	SLS、SLM 设备及材料
4	中山盈普光电设备有限公司	SLS 设备及材料
5	北京隆源自动成型系统有限公司	SLS、SLM、LENS、3DP 设备
6	武汉易制科技有限公司	彩色 3DP 设备
7	珠海赛纳打印科技股份有限公司	彩色 Polyjet 设备
8	南京紫金立德电子有限公司	FDM 设备

上海联泰科技股份有限公司成立于 2000 年，是国内最早从事 3D 打印技术应用的企业之一，公司为中国 3D 打印技术产业联盟理事单位，上海产业技术研究院 3D 打印技术产业化定点单位。联泰科技开发了 SLA 光固化成型设备和成型控制系统，目前拥有国内 SLA 技术最大份额的工业领域客户群，国内市场占有率超过 60%。

湖南华曙高科技有限责任公司（简称华曙高科）由许小曙博士 2009 年创立，专攻 SLS、SLM 工业级 3D 打印技术。经过多年的快速发展，华曙高科已逐步建立形成集金属、尼龙 3D 打印设备研发制造、3D 打印材料研发生产以及产品加工服务为一体的全产业链格局。华曙高科是工信部 3D 打印智能制造试点示范项目企业，拥有高分子复杂结构增材制造国家工程实验室。华曙高科可为航空航天、医疗（含口腔）、汽车、工业模具、教育科研、电动工具、原型制作、消费品（眼镜、鞋底、首饰）、设计创意等行业提供高质量的 SLS 和 SLM 技术 3D 打印设备、材料、软件和加工服务。

武汉易制科技有限公司和珠海赛纳打印科技股份有限公司是在彩色 3D 打印技术研发及设备制造方面的领军企业。其中，武汉易制科技有限公司长期专注于 3DP 彩色 3D 打印技术的研发应用，2015 年推出了中国首台全彩色 3D 打印机，填补了国内空白。珠海赛纳打印科技股份有限公司长期从事彩色多材料 3D 打印自主核心技术的研究，是中国少数掌握直喷式彩色多材料 3D 打印自主核心技术的厂商。

随着 3D 打印技术在各领域的不断融合，其产业及技术发展中面临的标准化问题日益凸显，严重制约了 3D 打印产业的进一步发展。2016 年 4 月，全国增材制造标准化技术委员会（SAC/TC 562）正式成立，在国家层面上开展 3D 打印技术标准化工作，并对口国际标准化组织 ISO/TC 261。该标准化委员会的成立顺应了 3D 打印行业发展的迫切需求，并通过促进 3D 打印产业标准体系的建立与完善，有效推动 3D 打印技术的规模化应用，对行业发展具有十分重要的意义。

1.4 3D 打印技术的发展趋势

1. 从快速原型向终端产品直接制造转变

3D 打印技术最早被称为快速成型技术或快速原型制造技术，主要应用是快速原型制作和新产品开发过程中的设计验证与功能验证。随着 3D 打印技术的快速发展，特别是成型材料在性能上的不断突破，3D 打印技术开始从快速原型制造向终端产品直接制造发展。

在众多的 3D 打印工艺中，以激光近净成型技术（LENS）、选择性激光熔融（SLM）、电子束熔炼技术（EBM）等为代表的金属 3D 打印技术成为零部件直接制造领域的研究热点。根据美国 Wohlers Associates 公司发布的 2019 年度报告，近几年，全球金属 3D 打印机销量一直在高速增长，图 1-26 所示为 2005～2018 年全球金属 3D 打印机的销量数量统计，可以看出，2017 年和 2018 年全球金属 3D 打印机销量数量分别增长了 79.9% 和 29.9%。与传统铸造、锻造等工艺相比，金属 3D 打印技术不仅适合制造形状复杂零件、大型薄壁件、轻量化零件等，还能够制造钛合金、镍基高温合金等特种合金零件以及个性化生物零件。在航空航天、汽车制造、核电、造船、医疗器械等许多领域具有十分广泛的应用前景。

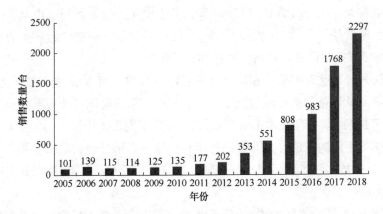

图 1-26 2005～2018 年全球金属 3D 打印机的销售数量

2. 3D 打印成型材料多样化、通用化、标准化

3D 打印材料是制约当前 3D 打印产业化的关键因素。3D 打印行业面临着材料种类少、不能通用、质量没有相应标准等突出问题。未来 3D 打印成型材料应当克服这些问题，朝着多样化、通用化和标准化的方向发展。

首先，材料多样化。与传统材料相比，3D 打印材料种类依然相对较少。发展全新的 3D 打印材料，例如组织工程材料、功能梯度材料、纳米材料、非均质材料以及其他传统方法难以制作的复合材料成为当前 3D 打印工艺技术中材料研究的热点。

其次，材料通用化、开源化。目前 3D 打印工艺使用的材料大部分是由各设备制造商单独提供，部分厂家甚至将设备与材料进行绑定销售。不同厂家的材料通用性很差，而且材料成型性能还不十分理想，阻碍了 3D 打印产业的健康发展。因此，开发性能优良的专用成型材料，并使其系列化、通用化，将能极大地促进 3D 打印产业的发展。

最后，材料专业化、标准化。通过规范材料相关标准，能够保障材料的优良使用性能，促进产业化推广应用。

3. 3D 打印设备向系列化和专业化方向发展

经过几十年的发展，3D 打印设备已经逐步实现系列化。目前许多 3D 打印设备制造商都推出了自己的系列设备，不同型号的设备除了成型空间不同外，在打印精度、打印速度、所针对的材料以及产品模型的应用性能等方面也都有所不同。

在不断扩展 3D 打印设备类型的同时，有些有实力的 3D 打印设备制造商还按照不同行业特殊需求进行专业化的开发，例如开发面向珠宝行业、制鞋行业、医疗行业、生物工程领域等的专业 3D 打印设备。上海联泰 3D 打印公司面向制鞋行业推出了 3D 鞋模打印机，该款打印机能够实现鞋底模具的量产，生产效率高，打印出来的产品具有良好的精细度。美国 3D Systems 推出了可用于珠宝生产制造的 3D 打印机 FabPro 1000 以及配套的 FabPro JewelCast GRN 材料，该设备打印速度极快，同时可确保高质量部件的精度和表面粗糙度，十分适合生产珠宝熔模铸件。

4. 3D 打印使产品制造走向个性化、定制化

个性化制造是 3D 打印技术区别于传统制造技术的主要优势之一。3D 打印个性化制造最有前景的领域之一就是医学与医疗工程，将会引发医学革命。这是因为医疗行业对于个性化、定制化具有显著的需求，而个性化、小批量和高精度恰好是 3D 打印技术的核心优势。利用 3D 打印技术可以制造器官、骨骼等实体模型，用来指导手术方案设计，也可以直接打印皮肤、血管和心脏等人体器官，具有十分广泛的应用前景。另外，随着人们生活水平日益提高，个性化、多样化的消费需求渐成主流，利用 3D 打印技术也可以满足人们在家电、汽车等其他消费领域的个性化定制产品的需求。

5. 3D 打印云服务平台不断涌现，开创全新商业模式

近年来，一些新兴公司以互联网为基础打造了 3D 打印设备共享平台，使人们能够将定制想法快速变成实际产品，例如 3DHubs 公司。另一个著名的公司是 Shapeways，它不仅利用 3D 打印技术为客户定制他们自己设计的各种产品，还为客户提供了销售其创意产品的网络平台。其他著名的 3D 打印定制化云服务平台还包括比利时的 i. materialise，新西兰的 Ponoko，法国的 Sculpteo，中国的天马行空网、魔猴网、意造网，美国的 Cubify Cloud 和 Kraftwurx 等。

3D 打印云服务平台通过以大数据、云计算、物联网、移动互联网为代表的新一代信息技术与 3D 打印技术相融合，开创了一种全新的商业模式。首先，大众定制化使得消费用户活跃地参与到了产品设计中，自己设计需要的产品；其次，交易对象由现实的实物产品向虚拟的数据产品转变；最后，集中式的生产将逐步转变成为分布式制造，例如在网上购买个性化定制商品的设计文件后，人们就可以在附近的 3D 打印店打印出来。

1.5　3D 打印技术面临的挑战

随着 3D 打印技术的快速发展，在过去 30 年中，全球 3D 打印所有产品和服务的年平均收入增长率超过 26%，已形成了数十亿美元的市场规模，并将继续在全球范围内呈现高速增长的趋势。与此同时，虽然 3D 打印产业已经形成一定的规模，但是 3D 打印技术距离大规模普及应用还存在一定差距，主要存在以下几个问题。

（1）打印速度较慢。目前 3D 打印机的速度较慢，主要是受到 3D 打印工艺和打印精度的限制。

（2）使用成本较高。就目前而言，3D 打印机所使用的耗材依然比较昂贵，其次是采购 3D 打印设备的费用较高。

（3）打印耗材有限。尽管目前 3D 打印机可以打印百余种耗材，但常用的材料仍然偏少，无法满足使用需求，这也限制了 3D 打印技术的进一步推广应用。

（4）知识产权问题。3D 打印技术是一种数字化制造技术，它根据计算机三维设计图，直接制造三维真实物体，改变了传统的制造模式，但同时 3D 打印技术给知识产权保护带来诸多挑战。

参 考 文 献

[1] Wohlers Associates Inc. Wohlers Report [R]. 2019.

[2] 丁雪. 3D 打印产业掘金正当时 [J]. 新材料产业, 2017, (01): 2-4.

[3] 刘晓梅. 第三次工业革命背景下 3D 打印业企业竞争力影响因素研究 [D]. 上海: 东华大学, 2014.

[4] 黄健, 万勇, 王天然. 绿色智能制造技术将引发产业全面变革 [J]. 中国科学院院刊, 2013, (05): 576-577.

[5] BLAZDELL P F, EVANS J R G. Application of a continuous ink jet printer to solidfreeforming of ceramics [J]. Journal of Materials Processing Technology, 2000, (99): 94-102.

[6] 杨恩泉. 3D 打印技术对航空制造业发展的影响 [J]. 航空科学技术, 2013, (01): 13-17.

[7] 王月圆, 杨萍. 3D 打印技术及其发展趋势 [J]. 印刷杂志, 2013, (04): 10-12.

[8] 陈晓莹. 基于全局搜索 PID 算法的 FDM 环保艺术产品 3D 打印控制 [J]. 现代电子技术, 2019, 42 (05): 157-159.

[9] 胡天骄. 3D 打印行业化工材料的应用及发展前景研究 [J]. 中国石油和化工标准与质量, 2019, 39 (02): 188-189.

[10] KOCH G K, JAMES B, GALLUCCI G, etc. Surgical Template Fabrication Using Cost-Effective 3D Printers [J]. The International Journal of Prosthodontics. 2019, 32 (1): 97-100.

[11] Mc Cullough E J, Yadavalli V K. Surface modification of fused deposition modeling ABS to

enable rapid prototyping of biomedical microdevices［J］. Journal of Materials Processing Technology, 2013, 213（6）：947-954.

［12］Macy W D. Rapid/Affordable Composite Tooling Strategies Utilizing Fused Deposition Modeling［J］. Sample Journal, 2011, 47（4）：37-44.

［13］WICKERR, MIRELES J, LEE I H, et al. Development of a Fused Deposition Modeling System for Low Melting Temperature Metal Alloys［J］. Journal of Electronic Packaging, 2013, 135（1）：1-6.

［14］DIEGEL O, SINGAMNENI S, HUANG B, et al. Curved Layer Fused Deposition Modeling in Conductive Polymer Additive Manufacturing［J］. Advanced Materials Research, 2011, （199-200）：1984-1987.

［15］Wohlers TERRY. Additive manufacturing：status and opportunities-additive manufacturing and 3D printing［J］. State of the Industry, 2014, （4）：157-160.

［16］史玉升, 钟庆. 选择性激光烧结新型扫描方式的研究及实现［J］. 机械工程学报, 2002, 38（2）：35-39.

［17］杨森, 钟敏霖, 张庆茂. 激光快速成型金属零件的新方法. 激光技术, 2001, 25（4）：254-257.

［18］李成. 基于 FDM 工艺的双喷头设备开发及工艺参数研究［D］. 南京：南京师范大学, 2014.

［19］张媛. 熔融沉积快速成型精度及工艺研究［D］. 大连：大连理工大学, 2009.

［20］姚太克. 一类三自由度并联机构的特性研究与优化设计［D］. 合肥：中国科学技术大学, 2013.

［21］黄鹏, 汪劲松, 王立平. 3-PRS 并联机构误差运动学分析及辨识［J］. 清华大学学报（自然科学版）, 2010, 11：1811-1814.

［22］CLEMENT GOSSELIN, MARTIN GRENIER. On the Determination of Cusp Point of the Force Distribution in Overconstrained Cable-driven Parallel Mechanisms［J］. Meccanica, 2011, 46（1）：3-15.

［23］谭永生. FDM 快速成型技术及其应用［J］. 航空制造技术, 2000, 01：26-28.

［24］张睿琳. 3D 打印在航空发动机制造上的应用［J］. 技术与市场, 2019, 26（02）：153.

［25］刘云, 王小黎, 白旭. 3D 打印全球创新网络影响因素研究［J］. 科学学与科学技术管理, 2019, 40（01）：65-88.

［26］吴洁. 3D 打印技术及其应用现状［J］. 黑龙江科技信息, 2013, （26）：174.

［27］徐文鹏. 3D 打印中的结构优化问题研究［D］. 中国科学技术大学, 2016.

［28］廖钊华, 邓君. DLP 光固化快速成型设备技术分析［J］. 机电工程技术, 2018, 47（09）：79-82.

［29］蒲以松, 王宝奇, 张连贵. 金属 3D 打印技术的研究［J］. 表面技术, 2018, 47

(3)：78-84.

[30] 曾光，韩志宇，梁书锦，等. 金属零件 3D 打印技术的应用研究 [J]. 中国材料进展，2014，(6)：376-382.

[31] 周宸宇，罗岚，刘勇. 金属增材制造技术的研究现状 [J]. 热加工工艺，2018，47 (6)：9-14.

[32] 张阳春，张志清. 3D 打印技术的发展与在医疗器械中的应用 [J]. 中国医疗器械信息，2015，(8)：1-6.

[33] 朱昱，李小武，魏金栋，等. 基于逆向工程的三维模型重构 [J]. 塑料科技，2017，(4)：79-83 .

[34] 贺永，高庆，刘安，等. 生物 3D 打印——从形似到神似 [J]. 浙江大学学报：工学版，2019，53 (03)：6-18.

[35] 兰红波，李涤尘，卢秉恒. 微纳尺度 3D 打印 [J]. 中国科学：技术科学，2015，45 (9)，919-940.

[36] 刘俊，孙璐姗，王钱钱，等. 3D 打印生物质基复合材料研究进展及应用前景 [J]. 生物产业技术，2017，(3)：68-81.

[37] 田小永，侯章浩，张俊康. 高性能树脂基复合材料轻质结构 3D 打印与性能研究 [J]. 航空制造技术，2017，(10)：34-39.

[38] 刘屹环，朱丽. 4D 打印的发展现状与应用前景 [J]. 新材料产业，2018，(1)：61-64.

[39] JIA Y, HE H, GENG Y, et al. High through-plane thermal conductivity of polymer basedproduct with vertical alignment of graphite flakes achieved via 3D printing [J]. Composites Science and Technology, 2017, 145：55-61.

[40] 黄蓉. 技术哲学视野中的 3D 打印技术探析 [D]. 武汉：武汉科技大学，2015.

[41] SZYKIEDANS K, CREDOW. Mechanical Properties of FDM and SLA Low-cost 3-D Prints [J]. Procedia Engineering, 2016, (136)：257-262.

[42] 刘利刚，徐文鹏，王伟明，等. 3D 打印中的几何计算研究进展 [J]. 计算机学报，2015，38 (06)：1243-1267.

[43] 何永军. 3D 打印技术——改变世界格局的源动力 [J]. 新材料产业，2013，(08)：2-8.

[44] 欧攀，刘泽阳，高汉麟. 基于柔性材料的双喷头 3D 打印技术研究 [J]. 工具技术，2019，53 (05)：24-28.

[45] 刘同协，甘新基，潘利民，等. 双色巧克力 3D 打印机的设计 [J]. 吉林化工学院学报，2019，36 (05)：26-29.

[46] 胡玉鹏，甘新基，师珍珍，等. 桌面级 FDM 高精度 3D 打印机的设计 [J]. 吉林化工学院学报，2019，36 (05)：23-25＋59.

[47] 潘虹. 3D 打印技术对产品设计创新开发的研究 [J]. 计算机产品与流通，2019，

(07)：116.

[48] 马玉琼，王铁成，郑红伟. FDM 多喷头 3D 打印机结构设计及运动研究［J］. 机床与液压，2019，47（08）：29-32.

[49] 王亮，孙建华，孟兆生. 基于 3D 打印的轻量化轴类零件内部结构设计与研究［J］. 机械研究与应用，2019，32（02）：50-52.

第2章 3D打印技术在产品设计中的应用

当前，市场竞争愈演愈烈，产品更新换代速度加快。制造企业要在同行业中保持竞争力并能够占有市场份额，就必须不断地开发出新产品，并快速推向市场，满足多样化的市场需求。3D打印技术的发展和应用对于新产品设计和研发会产生重要的变革，主要体现在以下几个方面：

1. 设计实体化——3D打印技术加速新产品开发

由于产品的复杂性其设计成本居高不下，一款新产品的开发往往需要经历较长时间。新产品的设计过程通常包括概念模型设计、功能模型设计、成品设计、改进设计等多个阶段。3D打印技术能够快速实现设计实体化。相比数控加工等制造方法，3D打印技术具有更快的打印速度、更低的制造成本以及更高的保密性，并且能够一次性完成结构非常复杂的零件制作，因此，3D打印在产品研发过程中，可以有效缩短新产品研发周期，降低研发成本。设计中出现的缺陷，能够在早期阶段被及时发现并加以解决，从而最大限度地减少设计反复。缩短产品的研发周期，也就意味着提高了产品市场转化的效率，增强了产品的市场竞争力。

2. 设计自由化——3D打印技术带来全新的产品设计方法

传统机械零部件的设计是依据车、铣、刨、磨、焊接、注射成型、锻压、铸造等传统成形加工工艺来实现的，在产品设计时必须考虑加工工艺的限制，也就是说，是在加工条件许可的情况下进行功能结构和加工结构的设计。3D打印技术的逐步成熟极大地拓展了制造工艺与加工手段，减少了模具加工、数控加工等制造工艺对创新设计的约束与限制，能够制造出一般工艺方法无法实现的复杂结构，使零件更好地满足实际应用需求，推动实现从面向加工工艺的设计转变为面向产品造型、性能、结构的自由和创新设计。

3. 产品个性化——3D打印技术为实现个性化定制提供技术支撑

传统的产品设计是建立在工业革命以来所形成的大批量生产方式之上的，这意味着消费者差异性的需求在设计过程中难以体现。为了追求大规模生产，消费者被假定为一模一样的人，个性需求被忽视了。然而个性化和高端化是产品发展的大趋势。随着时代的发展，人们在满足日常消费需求后，越来越注重自我的个性化需求。工业产品需要从原来的单一化，逐渐向多样化、个性化、高端化发展。3D 打印的出现大大降低了制造门槛，具有任意复杂结构的产品都能够用 3D 打印技术直接制造出来。3D 打印技术使产品的个性化、高端化设计与生产成为可能。消费者可根据自身条件、喜好甚至不同的产品使用情景自行进行设计与生产，真正实现以人为本。

2.1　3D 打印技术加速新产品开发

在新产品开发过程中，制作产品原型是必不可少的一个关键环节，其作用是保障产品设计方案满足要求，避免后期更改。产品原型制作由于能够优化新产品的设计和开发，可以有效地缩短新产品研发周期，提升研发的成功率，因而在新产品研发中得到了广泛应用。产品设计开发周期的缩短意味着产品会尽快投入市场而占得先机。在一项相关调查中，17% 的被调查产品，其原型制作消耗相当长的时间，是缩短产品上市时间的最大障碍。

制作产品原型是 3D 打印技术最早的应用领域，目前 3D 打印技术仍然是产品开发阶段最强大的工具之一。制作产品原型传统的手段主要有两种：数控加工和 3D 打印。数控加工直接使用 ABS、PP 等真实材料，材料成本较低，但其缺点是需要根据零件数据进行编程加工，对于复杂结构的零件，还需要进行零件拆分加工，加工完毕后再进行粘接拼合。零件越复杂，加工难度越大，设备成本也越高；对于难于加工的复杂零件，需要编程和拆分的工作量越大，后处理的拼接工序越复杂，所需人工工时就越多。而 3D 打印技术的优势是加工速度快、工艺柔性高，能一次性完成结构非常复杂的零件制作，且其制作成本和制作速度与零件的复杂程度基本无关。根据 3D 打印成型工艺的不同，使用的材料可以为光敏树脂、尼龙、类 ABS 等。随着 3D 打印技术的不断发展成熟，特别是材料成本的逐渐降低和材料性能的不断改进，3D 打印技术在产品原型制作中的应用越来越广泛，将会逐渐超过甚至取代数控加工技术。

目前，在国内外 3D 打印领域中，可利用的工艺技术已有近二十种，其中常用的有熔融沉积成型（FDM）、立体光固化成型（SLA）、选择性激光烧结（SLS）、叠层实体制造（LOM）、三维打印（3DP）、聚合物喷射（Polyjet）、选择性激光熔融（SLM）等工艺。这些 3D 打印工艺由于所用打印材料不尽相同，所以具体应用领域与行业也有所不同。常用 3D 打印技术对比见表 2-1。

表2-1　常用3D打印技术对比

技术类型	材　料	优　点	缺　点	制件精度	用　途	应用领域
FDM	ABS、丙烯酸、PC、聚苯、PA等丝料	成型材料种类较多，样件强度好、尺寸精度较高，表面质量较好、易于装配，材料利用率高；技术成熟度高，成本较低，可以进行彩色打印	成型时间较长，制作小件和精细件时精度不如SLA，打印材料限制制件性较大	±0.1mm（制件长度 $l \leq 100mm$）或±0.15%（$l > 100mm$）	工业塑料零件、工艺品	生物医学、医疗、教学、工艺品、建筑、航空航天
SLA	丙烯酸感光树脂、环氧感光树脂、醚氧感光树脂	成型速度快，成型精度高，接近完全原材料利用率很高，加工出的实体表面光滑，表面质量高	成型的材料种类少，光敏树脂固化后较脆，易断裂，工件不好，成型件在长期光照下极易分解，吸湿膨胀，耐蚀能力差	±0.1mm（$l \leq 100mm$）或±0.1%（$l > 100mm$）	小件、精细件和精细工艺品	教学、工艺品、建筑
SLS	PC、聚苯乙烯、PA、钨、铜、碳钢等粉末	打印原材料种类繁多，材料利用率高，造型速度快，成型件强度高	成型件表面质量较差，后处理工艺复杂，难以保证制件尺寸精度，成本较高	±0.2mm（$l \leq 200mm$）或±0.1%（$l > 100mm$）	耐冲击性能高的零件	铸造件设计、结构件、航天、军工
LOM	铝、PVC、聚酯、ABS、亚硝酸钛、陶瓷、PC、金属等片料	制造成本低，无须填充材料，产品成型率高	成型件表面质量较差，材料利用率很低	±0.1mm	大型厚实的塑料件或纸质构件	航空、化工、医疗、汽车
3DP	淀粉、石膏、陶瓷、金属、复合材料等粉末	由于无须复杂昂贵的激光系统，设备整体造价大大降低，成型速度快；无须支撑结构；能够实现彩色打印	直接成品强度较低，需要进行一系列后处理工艺来进行强化；成型工件表面粗糙，并且有明显的颗粒粘感	±0.1mm	彩色打印原型、人像以及铸造砂型	生物医学、医疗、教学、航空航天、模具、工艺品
SLM	超耐热合金、不锈钢、铝、钛、铜等金属粉末	金属加工零件具有良好的力学性能	加工速度较低，成型工件表面粗糙，且单价相对昂贵	±0.1mm	具有复杂内腔结构且难加工的钛合金、高温合金等零件	航空航天、兵器装备、汽车、工电子、金属零件

针对不同的材料，可以采用多种不同的 3D 打印技术，具体采用哪一种技术，首先需要根据产品的具体要求（如产品用途、应用环境、结构强度、后处理等）进行充分考虑和选择；其次，由于 3D 打印技术的成熟度不够高，大部分打印设备成本很高，不同技术的打印质量也差距很大，因此还应考虑成本与质量因素；最后，不同 3D 打印技术的生产效率有着显著的差别，这一因素也是使用者在选择 3D 打印技术时需要关注的。

3D 打印技术在新产品开发的各个阶段均发挥重要的作用，具体介绍如下：

1. 产品概念设计阶段

在产品概念设计阶段，设计团队往往只能借助较为抽象的 2D 平面图样作为可视化媒介来进行方案的设计讨论。手工制作的概念模型在一定程度上能够弥补平面媒介直观性的不足，但在精度、质感、触感等方面与概念的设计预期都存在较大偏差。上述状况无形中限制了团队间关于产品概念的有效交流。

3D 打印能够快速制作出精准的概念模型实物，并将其引入设计讨论。它可以很直观地以实物的形式把设计师的创意反映出来。设计团队中的每个成员，乃至产品用户能够直观地看到和触摸这些概念模型。3D 打印制作的概念模型能够明确地反映出产品概念存在的问题，通过修改设计，不断迭代，直到获得满意的产品概念为止。图 2-1 和图 2-2 所示分别为 3D 打印手机壳和电水壶的概念模型。

图 2-1　3D 打印手机壳的概念模型　　　　图 2-2　3D 打印电水壶的概念模型

自 2013 年起，国内一流园林工具制造企业格力博将 3D 打印技术融入了其园林工具研发制造环节，使产品生产周期缩短了 30%，整个开发成本降低 30%~40%。使用 3D 打印技术后，格力博每年研发的新产品数量从几十款增加到 300 多款，并成功创立自主品牌，销售业绩每年都以 20% 左右的速度递增，实现了电动工具制造模式的创新。图 2-3 所示为该企业 3D 打印割草机产品。

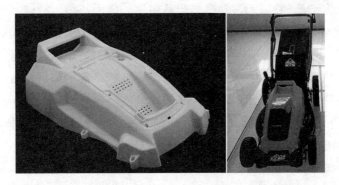

图 2-3　3D 打印割草机产品

　　2016 年美国 Stratasys 公司发布全球首个全彩多材料 3D 打印机 J750，让用户首次自由搭配不同颜色和材料，产品甚至无须进行后期处理，带来了前所未有的一站式 3D 打印体验。J750 能实现 36 万种不同的色彩输出，材料从刚性到柔性，从不透明到透明，应有尽有。图 2-4 所示为利用 J750 设备打印的彩色汽车仪表板通风孔装配件。

图 2-4　3D 打印彩色汽车
仪表板通风孔装配件

　　图 2-5 所示是比利时著名 3D 打印公司 Materialise 为全球旅行箱包领导品牌——美国新秀丽公司（Samsonite）生产的新款 3D 打印旅行箱模型。其特点是外壳具有高精细纹理、超轻量化，且坚固耐用，整个制造过程只用了 8 天时间，不仅保证了设计效果，而且大大缩短了新产品研发和上市周期，这是传统的注射成型工艺难以达到的。

图 2-5　3D 打印旅行箱

2. 产品结构设计阶段

运用 3D 打印技术在产品结构设计阶段验证结构装配和运动可行性时，能够及时发现产品设计问题并加以改进，从而大大降低后期在开模具过程中发现结构不合理或其他问题带来的巨大风险。近年来，随着 3D 打印装备和材料的发展，3D 打印技术在材料性能、表面质量和尺寸精度等方面有了很大的改进，被越来越广泛地应用于产品结构装配验证，成为加速产品设计开发的强大武器。图 2-6 所示为 3D 打印的壁挂式空调组件及装配验证。图 2-7 所示为 3D 打印的变速箱组装件的结构、装配及运动干涉验证。

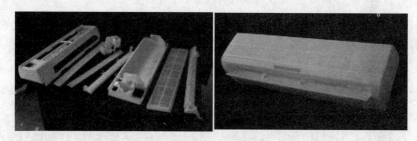

图 2-6　3D 打印的壁挂式空调组件及装配验证

图 2-7　3D 打印的变速箱组装件的结构、装配及运动干涉验证

工业级 3D 打印领军企业华曙高科与武汉萨普科技股份有限公司合作，将 3D 打印技术直接应用到汽车整体解决方案当中，实现了汽车配件制造模式的创新。图 2-8 所示的 3D 打印汽车仪表盘，这款大型汽车仪表盘长 2m，宽 0.55m，高 0.70m，由尼龙粉末选择性激光烧结 SLS 技术打印出 20 余种零部件再无缝拼接而成，并采用了打磨、包胶、电镀、喷漆、攻螺纹、拼接 6 种后处理工艺，其误差值 <1mm，工艺精湛，细节考究，整个制作过程在一周内全部完成，与传统工艺相比缩短了 80% 研发周期，节约了 66% 的人工成本和 45% 的制作成本。

3. 产品功能验证阶段

随着 3D 打印技术的不断成熟，以及材料应用科学的不断突破，现在已经

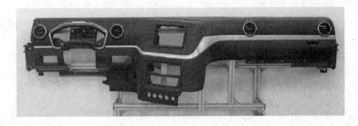

图 2-8　3D 打印汽车仪表盘

可以将打印出的塑料或金属零件直接应用到产品功能验证中。

　　奥迪汽车公司使用 Stratasys J750 3D 打印机进行尾灯罩的原型设计，多色多功能车尾灯可一次整体成型（见图 2-9），无须像以前那样需要多个步骤，可以节省高达 50% 的时间，使汽车更快地投入市场。引进 3D 打印技术之前，奥迪汽车公司使用传统铣削或注射成型进行生产。车尾灯颜色通常是红色和橙色，或者将红色和白色等单独的颜色部件进行加工和组装，制作周期较长。与传统方法相比，3D 打印制作的原型具有精确和高质量的零件几何形状，以及逼真的零件颜色和透明度，从而使奥迪汽车公司能够快速实现符合设计定义的精确纹理和颜色效果。

图 2-9　奥迪汽车公司利用 3D 打印技术制作的车尾灯

　　华曙高科与德国巴斯夫化工集团联合开发高强度、高熔点的 3D 打印 PA6 材料 - FS6028PA，协助上海泛亚汽车技术中心制作发动机进气歧管（见图 2-10），在一周内成功完成了从部件设计、3D 打印制造到检测与调试的整个过程，产品研发时间缩短了 71%，使用 3D 打印生产的成本费用只有传统开模生产成本的 10%。使用 FS6028PA 材料的零部件通过了 700h 的动态试验，试验结果表明：3D 打印制件具有出色的强度和热变形稳定性，能承受高频率的振动。FS6028PA 材料的拉伸强度高于同类大多数 3D 打印用塑料材料，可以直接制作终端或功能部件，尤其是适用于耐温件的直接制造。

　　德国西门子公司在新产品研发过程中利用 3D 打印技术制造出燃气轮机涡

图 2-10　3D 打印发动机进气歧管

轮叶片（见图 2-11），并首次进行了满负荷运行测试。测试结果表明，该 3D 打印涡轮叶片完全符合燃气轮机工作要求，这是运用 3D 打印技术生产大型部件的新突破。用 3D 打印制造的燃气涡轮叶片将安装在西门子制造的 13 兆 W SGT-400 型工业燃气轮机上，新的涡轮叶片采用粉末状的耐高温多晶镍高温合金生产。燃气轮机涡轮叶片要能承受高温、高压和强离心力，其满负荷工作时转动速率达到 1600km/h，比波音 737 飞机的飞行速度要快一倍；其承载的负重达 11tf（1tf＝9.8kN），相当于一辆满载的伦敦双层巴士的重量；叶片在汽轮机工作时的最高温度达 1250℃。目前制造燃气轮机涡轮叶片的传统方法是采用铸造或锻造工艺，然而这两种方法都需要开模，不仅费时费力，而且价格昂贵。3D 打印燃气轮机涡轮叶片则采用激光束对金属粉末进行逐层加热和融化，一层一层生成金属固体，直至整个叶片模型成型。现在西门子工程师利用 3D 打印技术生产一种新的燃气轮机涡轮叶片，从设计到制造的整个新产品研发周期可以从 2 年缩短至 2 个月，大大提高了研发效率。

图 2-11　3D 打印燃气轮机涡轮叶片

4. 产品市场推广阶段

3D 打印技术使产品面世时间大大提前。由于样件制作的超前性，人们可以在模具开发出来之前利用样件制作进行产品宣传，甚至开展前期的销售、生产准备工作，及早占领市场。

2013 年上半年，一台名为 Urbee 2 的小车诞生了（见图 2-12），而其前身 Urbee 早在 2010 年就推出了，只不过当时由于各种问题只停留在了概念阶段。 Urbee 2 包含了超过 50 个 3D 打印组件，这相较传统制造工艺显得十分精简。车辆除了底盘、动力系统和电子设备等，超过 50% 的部分都是由 ABS 塑料打印而来。

图 2-12　3D 打印汽车 Urbee2

2014 年，Local Motors 公司推出了升级版的 3D 打印车 Strati（斯特拉迪），如图 2-13 所示。Strati 的进步之处首先在于它的底盘部分也采用了 3D 打印技术制造，其次它的打印时间仅为 44h，如果加上组装时间，最多只需要三天就能够制造出来。

图 2-13　3D 打印车 Strati（斯特拉迪）

在 2015 年的法兰克福车展上，法国标致汽车推出一款名为 Fractal 的纯电动概念车，这款车除了外观出众，科技感十足，其最大的特点就是内部采用了消声效果极佳的 3D 打印内饰（见图 2-14）。该车 82% 的内壁都是 3D 打印的，它的表面具有凹凸不平的中空结构。这些形状独特的内饰可以有效减少回声，使声波从一个表面反射到另一个表面，从而实现对声音环境的调整和精确地塑造声音效果，带给驾驶者完美的音乐体验。据了解，这些 3D 打印消声内饰的制造过程是：先通过一系列复杂算法设计出 3D 数字模型，再使用切片处理软件对模型完成切片，最后使用选择性激光烧结（SLS）3D 打印机，用白色尼龙材料制造而成。打印完成后，这些部件还进行了植绒处理，这样可以赋予它们天鹅绒般的柔软触感以及更强的环境耐受力。上述复杂的内饰造型通过传统的注射成型等制造方式是无法实现的。

图 2-14　具有 3D 打印消声内饰的 Fractal 的纯电动概念车

2.2　面向 3D 打印技术的创新自由设计

传统机械零部件的设计是依据车、铣、刨、磨、焊接、注射成型、锻压、铸造等传统成形加工工艺来实现的，在产品设计时必须考虑加工工艺的限制。3D 打印技术的逐步成熟极大地拓展了制造工艺与加工手段，减少了模具加工、数控加工等制造工艺对创新设计的约束与限制，能够实现从面向加工工艺的设计转变为创新自由设计，如图 2-15 所示。所谓自由设计，是指以实现产品造型、结构或功能为直接目的进行设计的设计方法，该方法是基于 3D 打印技术而产生的，因此也称作面向 3D 打印技术的设计方法（Design For Additive Manufacturing，DFAM）。

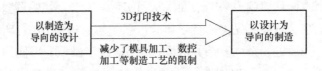

图 2-15   3D 打印技术带来设计方法的变革

2.2.1   面向产品造型的自由设计

在 3D 打印技术的推动下，产品造型呈现多元化趋势，在其技术属性、经济属性、美学属性、环境属性、人机属性等要素中，美学属性要素所占的比例逐步得到提升。3D 打印技术的应用使产品造型设计呈现以下几个明显的趋势：

1. 产品造型艺术化

对造型艺术而言，3D 打印技术是一个技术的进步，也是一次彻底解放。3D 打印自由制造技术能够使设计师更加专注于艺术性的表达，探索更广阔的艺术领域与表现形式，也激发设计师为了艺术理想与追求去探索技术融合下的极致的生命力与视觉张力。

图 2-16 所示是服装设计师 Michael Schmidt 和建筑师 Francis Bitoni 于 2013年共同设计的全球首款 3D 打印礼服，它采用尼龙粉末材料，利用 SLS 选择性激光烧结 3D 打印技术制造而成。礼服通体镂空设计，完全根据客户的身材比例定制，由 17 个独立结构通过近 3000 个节点连接而成，并在裙子表面镶嵌了 13000 颗施华洛世奇水晶，惊艳无比。从设计到制造，整件衣服共花费了 3 个月的时间才制作完成。

图 2-16   全球首款 3D 打印礼服

　　法国设计奇才 Patrick Jouin 以花朵绽放为灵感，设计了一款名为"Bloom"的会"开花"的 3D 打印桌灯，如图 2-17 所示。这款台灯的"花瓣"可以慢慢展开，灯光的亮度也会随着花瓣的展开而变强。这款台灯同样采用了 3D 打印 SLS 技术，整个灯罩是一次成型、连为一体的，包括花瓣之间的铰链部分。这一设计的复杂性将 3D 打印技术提升到新的高度，并使其获得了 2011 年德国"红点设计奖"。

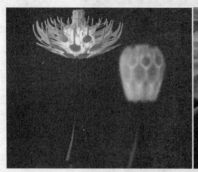

图 2-17　3D 打印灯具—Bloom

　　图 2-18 所示是荷兰建筑师 Luc Merx 设计的名为"Damned"的 3D 打印枝形吊灯。它所展现的是被诅咒的堕落至地狱之人，互相缠绕的裸体人群盘旋其上，形式丰富而浮夸，其结构浑然天成，没有任何接缝。

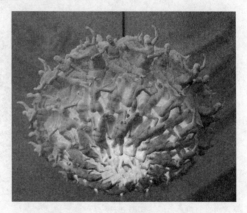

图 2-18　3D 打印灯具—Damned

2. 产品造型科技化

　　基于力学、材料学、数学、仿生学、人机工程学等学科的综合研究将使产品造型进一步朝着科技化、数学化、参数化的方向发展。在 3D 打印技术的引领下，轻便且合理的形态、力学极致化的形态、基于数学的复杂形态等融合了先进科研成果的多种形态将成为产品新的设计方向。

　　2015 年 7 月，全球领先的厨房和卫浴品牌之一美标（American Standard）公司展示了"DXV"系列金属 3D 打印的水龙头，它也是全球首款完全通过 3D 打印的厨房用水龙头，如图 2-19 所示。该系列水龙头产品不但造型新奇瑰丽，而且功能齐全，为用户打造出完全不同的用水体验。

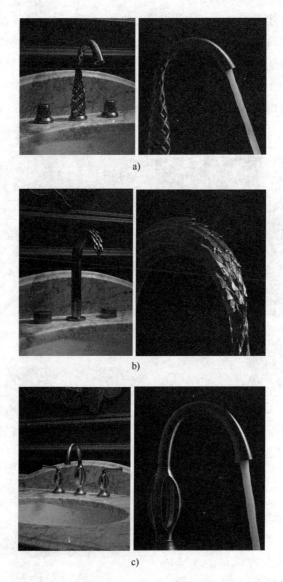

图 2-19 美标公司推出的 "DXV" 系列金属 3D 打印水龙头

3D 打印完全颠覆了原有的水路设计方式，能够让设计师充分展现其想象力，设计师甚至将水流本身作为装饰元素。例如，图 2-19b 所示的 3D 打印水龙头在顶部分成了 19 条水道，使水流展现出类似瀑布的天然形态。水龙头的打印过程约为 24h，3D 打印完成之后，为了让金属水龙头的表面变得光滑，设计团队还需对打印好的产品进行最终的手工喷砂抛光工艺。"DXV" 系列水龙头价格不菲，市场售价在 12000～20000 美元。

图 2-20 所示的 3D 打印大提琴集成了多方面的新技术，呈现出典型的艺术形态的美感。图 2-21 所示为 3D 打印自行车。

3. 产品造型仿生化

将仿生学与 3D 打印技术相结合，从宏观和微观生命中借鉴生物形态、生命机能、功能机制中最为合理的造物智慧与伦理意义，综合运用技术导向下的理性分析与自然智慧中的感性形态演绎，完成技术价值与创新价值的高度融合，从而衍生出具有生命象征意义的新美学形式将是未来设计的"新常态"。3D 打印技术为该设计理念的实现提供了有力的技术保障。

图 2-20   3D 打印大提琴

图 2-21   3D 打印自行车

美国设计事务所 Nervous System 一直以来都致力于模仿自然生成过程和形式，他们运用生成算法创作出一种新型灯具——3D 打印菌丝灯，如图 2-22 所示。它是根据叶脉形成的方式和过程设计的，当打开灯时，其复杂而发散的枝叶形状的影子会投射到墙壁和天花板上，让屋子犹如处在梦幻的树林里。灯具用 3D 打印尼龙材料制作而成，内置 3 盏 LED 灯，总耗电量 3.6W，灯具的使用寿命超过 5000h，相当于连续 6 年的使用时间。

图 2-23 所示为 3D 打印树形咖啡桌，由 Vertel Oberfell 和 Matthias Bär 联合设计完成，其设计灵感来源于对树木分形生长机理的研究。该作品底部由树干

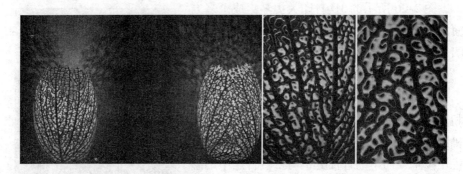

图 2-22   美国设计事务所 Nervous System 的 3D 打印菌丝灯

组成，并且逐渐向上生长变成更小的树枝，细小稠密的树枝相互连接组成了桌子顶部。该作品采用 3D 打印 SLA 技术实现了一体化制造，材料为环氧树脂，实现了其他制造方法无法实现的艺术效果。

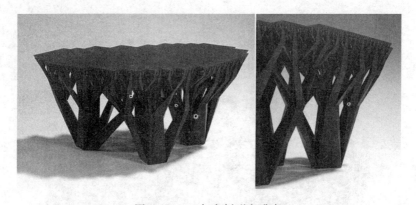

图 2-23   3D 打印树形咖啡桌

　　荷兰设计师 Eric Klarenbeek 设计了一款"菌丝椅"，它结合了生物有机体生长和精准 3D 打印技术，如图 2-24 所示。菌丝椅的弧线看上去是自然生长的，但实际上运用了计算机辅助设计和 3D 打印技术打印出来的空心生物塑料外壳。塑料外壳内部塞满了秸秆颗粒，菌类植物可以在内部生长。一段时间后，放入其中的菌类生物吸取秸秆中的营养，会通过塑料外壳表面的小孔长出蘑菇，最终形成一件别具特色的有机家居饰品。

　　图 2-25 所示为某 3D 打印高端创意壁挂空调。该创意设计大胆突破了传统的壁挂空调外观为长方形的限制，采用仿生贝壳形的一体外观设计，给人以自然清新的新感觉。其创意设计方案如不采用 3D 打印技术，用传统制造方式难以加工和实现。

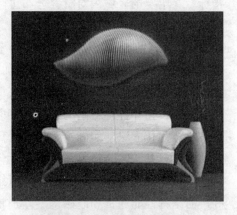

图 2-24　荷兰设计师的 3D 打印菌丝椅　　　　图 2-25　3D 打印高端创意壁挂空调

2.2.2　面向产品功能的自由设计

1. 基于拓扑优化的轻量化设计

轻量化是航空航天、武器装备、交通运输等领域一直追求的目标。有数据表明，在航空领域，飞机质量每减轻 1%，飞机性能可提高 3% ~ 5%，质量减轻有利于提高燃油效率和载重量，因此质量已成为衡量飞机先进性的重要指标之一；在航天领域更是进入了"克克计较"的时代，航天飞机的质量每减轻 1kg，其发射成本可减少 1.5 万美元。在军工领域，洲际导弹质量减轻 1kg，可使整个运载火箭质量减少达 50kg。在交通运输领域，汽车质量每减轻 10%，燃油消耗可降低 6% ~ 8%，相应的排放量可下降 5% ~ 6%，同时质量轻了还可以带来更好的操控性，发动机输出的动力能够产生更高的加速度，使车辆起步时加速性能更好，制动时的制动距离更短。

轻量化结构设计是一种集材料力学、计算力学、数学、计算机科学和其他工程科学于一体的设计方法，按照设计变量类型和求解问题的不同又分为尺寸优化、形状优化和拓扑优化。其中尺寸优化是轻量化结构设计的最初层次，是在结构类型、材料、布局和几何外载给定的情况下，求解各个组成构件的最优截面尺寸；形状优化是在结构的类型、材料、布局给定的情况下，优化结构的外形几何形状，寻求结构最优的几何外形；拓扑优化则是允许对结构的桁架节点连接关系或连续体结构的布局进行优化。

随着计算机辅助设计技术的快速发展，尺寸优化、形状优化和拓扑优化软件层出不穷，尤其是拓扑优化软件，使设计师能够在零件设计初期就了解最优结构形式的轮廓。拓扑优化方法是一种根据给定的负载情况、约束条件和性能指标，在给定的区域内对材料分布进行优化的数学方法，它寻求使用最少量的材料来满足性能使用要求。拓扑优化使用有限元分析软件作为核心算法（例如 Altair 公司的 Solid Thinking Inspire 软件），其过程通过从一个规则形状的零件"设计空间"开始，然后用户施加载荷和约束条件生成理想的形状，最后根据软件生成的结果进行再设计，获得一个轻量化的产品设计。

然而，拓扑优化得到的几何构型复杂，采用传统制造工艺加工非常困难，因此拓扑优化方法与实际工程结构设计之间仍存在较大的鸿沟。一方面，设计人员往往要基于制造技术及经验对优化结果进行二次设计来满足可制造性，降低制造成本。这种做法往往会损坏原始产品结构的性能最优性，二次设计得到的产品结构性能通常和原始构型差别较大。另一方面，因受制于传统设计理念及制造工艺，结构往往仅进行宏观拓扑设计，并未充分利用结构在多尺度上的变化或者由于空间梯度变化所带来的广阔设计空间，从而使产品性能提升受到很大的局限。

3D 打印技术的出现，突破了传统制造技术的局限性，使几何形状高度复杂，以及从微纳到宏观多个几何尺度结构的制造成为可能。将拓扑优化技术与3D 打印技术融合，发展创新设计技术具有广阔的发展前景，已引起人们的广泛关注，开始在航空航天等众多领域得到越来越广泛的应用。航空航天产品结构创新研发具有小批量、多品种、高性能等特点，将拓扑优化与 3D 打印技术相结合，能够突破现有设计极限，实现结构创新能力的飞速提升。图 2-26 所示是法国空中客车公司机舱支架，该部件原来采用机械加工的制造方式，后来进行了重新设计和 3D 打印制造，使用的材料是钛合金 Ti- Al6- V4。与原来使用机械加工制造出来的零件相比，材料质量减轻了 30%，质量减轻有利于降低飞机燃油消耗或者提高载重量。

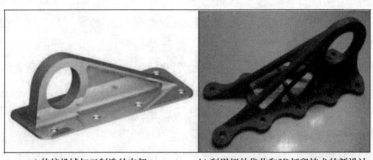

a) 传统机械加工制造的支架   b) 利用拓扑优化和3D打印技术的新设计

图 2-26　法国空中客车公司机舱支架

在为欧洲航天宇航局（ESA）设计制造的地球观测卫星天线支架项目中，欧洲航空航天行业领先的供应商 RUAG Space 利用 3D 打印与拓扑优化相结合，实现了卫星天线支架的创新设计（见图 2-27）。RUAG Space 使用了 Altair 公司拓扑优化专业软件 Solid Thinking Inspire。具体实现步骤如下：首先使用三维 CAD 软件进行初始建模，并将模型导入 Solid Thinking Inspire 软件，利用拓扑优化的方法来设计零件；然后将优化后的结果导入 Solid Thinking Evolve 中进行可打印模型的构建，并利用有限元分析手段对得到的结构进行结构分析和设计确认；最后使用德国 EOS 公司的金属激光烧结 3D 打印技术，将天线支架打印出来。据报道，该项目仅用四周时间即实现了设计定型。新的天线支架质量降低了 43%，而且刚度、强度和稳定性比原来更好，有效地降低了发射航天器和卫星的成本。

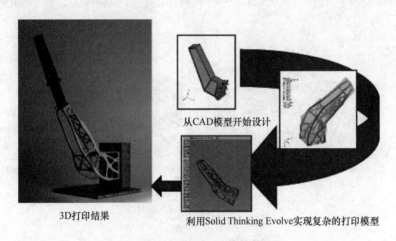

图 2-27　3D 打印卫星天线支架

2. 基于镂空点阵结构的轻量化设计

另一种实现轻量化的方法是使用镂空点阵结构，即将零件内部或外壁填充比实心材料轻得多的空心结构。这种方法的优点是：考虑到功能、人体工程学或美观等因素，产品外形可以保持不变。该方法对于促进 3D 打印在实际工业产品中的发展和应用具有重要意义。这是因为虽然 3D 打印能够很方便地将虚拟的数字化模型变为真实的工业产品，但是与传统制造技术相比，它的材料成本还较高，镂空点阵结构设计可以节省材料，从而有效降低 3D 打印的应用成本。图 2-28 所示为基于镂空点阵结构和 3D 打印技术获得轻量化支架的一个典型案例，该零件由比利时著名 3D 打印公司 Materialise 采用钛材料 3D 打印完成，与传统制造的零件相比，质量减轻了 63%。

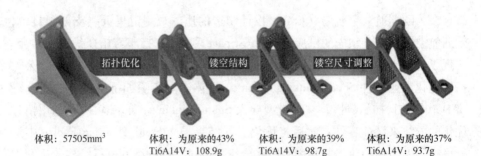

| 体积：57505mm³ | 体积：为原来的43%
Ti6A14V: 108.9g | 体积：为原来的39%
Ti6A14V: 98.7g | 体积：为原来的37%
Ti6A14V: 93.7g |

图 2-28　3D 打印轻量化支架

　　在设计或制造航天器部件时，最大的挑战就是在不牺牲部件强度或性能的前提下优化重量。Materialise 公司与数字化服务巨人源讯（Atos）携手，开发出了一个突破性的航空航天部件——3D 打印的钛合金镶件及结构，如图 2-29 所示。

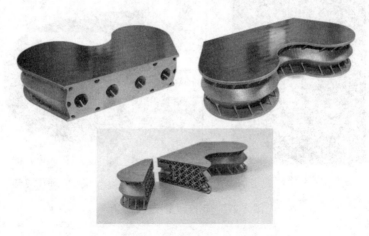

图 2-29　3D 打印的钛合金镶件及结构

　　3D 打印的钛合金镶件广泛用于航空航天领域，在卫星等结构中用于传递高机械载荷，其结构如图 2-29 所示。传统镶件通常采用铝合金或钛合金通过机械加工制造而成，其砖块形状的内部完全是实体，质量很大。除了材料的高成本之外，重型部件还会增加每次发射时航天器的运营成本。金属 3D 打印为航天结构件减重提供了契机。该镶件设计时从减少部件内部的材料使用量入手，采用拓扑优化和晶格结构设计等先进技术，将镶件质量从 1454g 减少到 500g（减重高达 65% 以上）。除了减轻重量外，团队还解决了原始设计中的热弹性应力问题。由于这些镶件在碳纤维增强聚合物夹板固化过程中已经被安装，因此会承受热弹性应力。优化设计降低了这些应力带来的影响，并改善了载荷分布，延长了镶件的使用寿命。

在汽车轻量化设计方面，丰田汽车公司联合 Materialise 公司进行了一系列有益的探索。图 2-30 所示为 3D 打印制造而成的轻量化汽车座椅，其重量比原来减少了 18kg（减重率高达 72%）；同时舒适感更好。另外，还对汽车方向盘的轻量化进行了尝试，如图 2-31 所示。

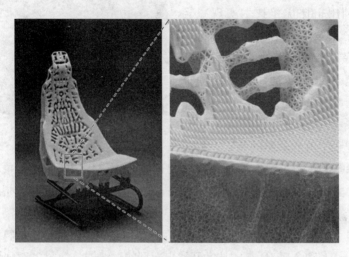

图 2-30　3D 打印轻量化汽车座椅

图 2-31　3D 打印轻量化方向盘

3. 改善的流体动力学功能

产品内部或环绕产品的气体或液体的流动效率高度依赖于产品的形状和特征。在许多情况下，传统产品制造方法由于制造工艺的局限性，往往会牺牲最优的产品几何形状，从而导致流动效率下降。3D 打印技术能够实现自由设计，使产品接近于或达到最优的几何外形，获得改善的流体动力学性能。这种方法在交通、食品和饮料、化工、医药、石油天然气和能源再生等许多工业部门具有广泛的应用。

FIT 公司设计了 3D 打印汽车气缸盖，如图 2-32 所示，该产品包含上述面向 3D 打印制造的三种创新设计技术：首先利用拓扑优化技术实现减轻质量 66%，其次复杂几何流道形状使得气体和冷却液的流动性能得到提高，最后在冷却通道内部使用网格结构来增加热传导效率。

图 2-32　FIT 公司的 3D 打印汽车气缸盖

过滤器是一种阻挡相对大尺寸杂质，实现滤浆中流固分离的装置，大多数有流体参与的生产过程或设备都需用到过滤器，如化工、制药、泵和内燃机等。过滤器的设计应在保证过滤精度的前提下，尽可能减少对流体造成的阻力和压降。由于突破了传统加工工艺的限制，3D 打印技术在制造新型、高效过滤器方面具有显著优势。英国著名过滤器制造商 Croft Filters 公司利用计算流体动力学（CFD）技术和金属 3D 打印技术开发出新型的过滤器，如图 2-33 所示，与传统的金属编织网、金属穿孔板等过滤器相比，3D 打印过滤器具有更低的压降和阻力，过滤效果既快又好。

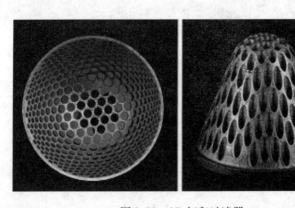

图 2-33　3D 打印过滤器

2.2.3　面向产品结构的自由设计

目前工业产品往往需要分步制造各单件，然后再将其装配起来，传统的榫卯、螺钉、卡合、焊接、铰链、粘接等结构不仅增加了工序难度，也增加了出现问题与故障的概率。3D 打印技术使复杂的产品结构一体化得以呈现，不仅直接得到免组装的整体机构、提高了生产效率，而且还通过机构的优化，实现了减重，提高了产品的结构强度和可靠性，其技术优势在飞机、发动机和航天科技等前沿领域越发明显。

　　一体化复杂结构分为动态机构和静态机构。图 2-34 所示为一个动态机构的例子——3D 打印可折叠凳子，该产品采用了 3D 打印 SLS 技术一体成型。为了节省材料，凳子是合在一起打印的，包括隐藏在其中的活动铰链都能被完整地打印出来。当把它在地面上竖立起来，在重力的作用下，它会自动进行扭转并逐渐打开。

图 2-34　一体成型的 3D 打印可折叠凳子

　　在静态机构设计中，最著名的案例是美国通用电气（GE）公司制造的 3D 打印燃油喷嘴，如图 2-35 所示。传统的喷油嘴由 20 多个不同零件通过焊接工艺组装而成，整个制造过程非常复杂繁琐，3D 打印技术完全改变了这一过程。通过创新设计，新的燃油喷嘴采用金属 3D 打印 SLM 技术，通过层层融化金属粉体实现了喷嘴的一体成型，不需要零部件组装或者焊接过程。除此之外，与传统制造的燃油喷嘴相比，它不仅质量减轻了 25%，而且耐久性是原来的 5 倍以上。目前这些 3D 打印燃油喷嘴已经被应用到了 LEAP 航空发动机上，并且实现了大规模生产，每一台 LEAP 发动机都包含 19 个 3D 打印燃油喷嘴。截至 2018 年 10 月，GE 公司已经累计生产多达 30000 个 3D 打印燃油喷嘴。

　　2017 年 3 月，一架安装了 3D 打印扰流板作动器阀块的空客 A380 飞机顺利完成了首次试飞。该 3D 打印部件由利勃海尔航空公司（Liebherr- Aerospace）制造，是首个在空客飞机上完成飞行的 3D 打印主要飞行控制液压部件，如图 2-36 所示，该阀块使用的制造原料为 Ti64 钛合金粉末，利用 SLM 技术和 EOS M 290 金属 3D 打印设备制造完成。与使用切削加工等传统制造工艺制造的传统阀块相比，在性能相同的前提下，3D 打印制造的扰流板作动器阀块质量减轻了 35%，组成的部件数量更少。基于 3D 打印扰流器传动装置的成功，利勃海尔已开始使用 3D 打印技术制造一系列下一代液压系统。

图 2-35　GE 航空的 3D 打印发动机燃油喷嘴　　图 2-36　3D 打印飞行控制液压部件

　　2017 年雷诺卡车公司新设计了一款名为 "Euro 6 step C" 的 4 缸 5L 发动机。3D 打印制造技术给内燃机提供了全新的发展前景，它使得制造商可以利用 3D 打印技术直接制造零部件，而且通过整合和优化零部件，使零部件数量减少了 200 个，相当于减少了总质量的 25%（即 120kg）（见图 2-37b），从而有利于提高车辆的有效载荷和降低燃油消耗。这款欧Ⅵ发动机成功进行了 600h 的台架测试，证明了使用 3D 打印制造的发动机部件的耐用性。

a) 优化前　　　　　　　　　　　　　　　　b) 优化后

图 2-37　利用 3D 打印技术整合优化发动机零部件

2.3　面向 3D 打印技术的个性化设计

2.3.1　3D 打印助听器

对消费者来说，个性化、定制化具有独一无二的魅力。过去几年在新闻、音乐、视频等数字媒体方面已经实现了定制化点播，现在人们开始利用 3D 打印技术制作定制化的实物产品了。作为一种佩戴在人耳道中的医疗器械，助听器对舒适度的要求非常高，而制作定制化的助听器是实现高舒适度的有效途径。3D 打印和三维扫描等数字化技术为助听器制造行业带来了精准、高效的批量定制化生产解决方案（见图 2-38 和图 2-39）。《福布斯》杂志曾经评论到：3D 打印技术颠覆了助听器行业。

图 2-38　3D 打印助听器　　　　　　图 2-39　个性化 3D 打印助听器外壳

在传统的生产方式下，制造助听器需要经过多个步骤。首先，技师需要通过患者的耳道模型做出注塑模具，然后得到塑料产品，通过对塑料产品进行钻音孔和手工处理后得到助听器最终形状。如果在这一过程中出错，就需要重新制作模型，整个过程需要长达一周的时间。

现在有了 3D 打印技术，可以通过三维扫描仪扫描得到每个人耳蜗的结构形状，快速制作出更舒适的定制化助听器产品，如图 2-40 所示。3D 打印助听器主要包括以下几个步骤：

① 首先将液态的注模材料注入用户的耳朵内，材料逐渐变硬后得到一个耳印模。

② 将耳印模取出并对其进行三维扫描，得到耳印模的三维数字化模型（即耳道数据）。

③ 根据耳道数据，利用建模软件只需要短短几分钟就能够得到助听器外壳模型。而且助听器 3D 设计师还能够进行数字化设计，使所有助听器元器件在助听器内部达到最佳的分布状态。

④ 将该助听器外壳三维模型与其他多个助听器外壳模型进行摆放位置优化，使得在同一打印空间内能够制造出最多数量的助听器外壳。

⑤ 生成切片数据，并将其发送到 3D 打印设备上。

⑥ 利用 3D 打印设备打印制造出助听器外壳，并对其进行抛光等后处理操作，然后将电子元器件和外壳进行组装，最终得到一个佩戴舒适、品质卓越的助听器产品。

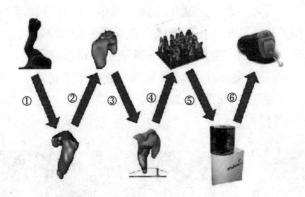

图 2-40　3D 打印定制化助听器流程

目前在美国和欧洲已经实现了基于 3D 打印技术的助听器数字化和定制化生产。瑞士 Sonova（索诺瓦）集团是目前全球最大的助听器制造公司，也是最早通过 3D 打印技术实现助听器大规模定制化生产的公司之一。早在 2000 年，Sonova 就与比利时 3D 打印公司 Materialise 合作开发了快速外壳建模 RSM（Rapid Shell Modeling）软件。Sonova 还通过与 3D 打印制造服务商 Envision-TEC 合作，开发出生物兼容、安全的 3D 打印材料，这些材料对患者不会造成任何刺激。

与传统制造工艺方式相比，3D 打印技术具有以下明显优势：

1）打印效率和产量高，实现了助听器的规模化和按需生产。在 Sonova 公司安装了 100 多台 EnvisionTEC 3D 打印机。据统计，Sonova 每天通过 3D 打印技术制造出上千个助听器外壳，一年能够生产数百万的助听器外壳（见图 2-41）。

2）为消费者个性定制，舒适度高。

3）把一个依靠手工的劳动密集型行业变成了一个自动化的行业，实现产业升级。

4）给助听器制造增加了灵活性。只要提供患者耳道的三维扫描数据，在任何一台打印机上都可以打印出助听器，能够实现分布式制造。

2017 年瑞士 Phonak（峰力）公司将金属 3D 打印 SLM 技术应用在了助听器外壳的生产中，推出具有 3D 打印钛金属外壳的助听器 Virto™ B- Titanium，如图 2-42 所示。它将最新的 3D 打印技术与钛金属的各项优点融为一体，成为 Phonak 史上最小的定制助听器。薄如纸（厚度仅 0.2mm）的钛合金外壳使峰力钛斗系列助听器的体积减小了 26%，同时，医用级别的钛合金让助听器的强度提升了 15 倍。

图 2-41　3D 打印制造助听器外壳　　图 2-42　具有 3D 打印钛金属外壳的助听器

2.3.2　3D 打印鞋

2013 年著名运动品牌耐克公司发布了全球首款 3D 打印足球鞋，如图 2-43 所示。此款名为"蒸汽激光爪（Vapor Laser Talon）"的足球鞋的鞋底是利用 3D 打印 SLS 技术打印而成。除了外观看起来很炫，官方称该跑鞋还拥有优异的性能，不仅在草坪场地上的牵引力表现非常优秀，而且它还能加长运动员保持驱动姿势的时间和提升运动员的冲刺能力。通过这款产品，耐克公司实现了 3D 打印技术从制造原型向终端产品的跨越。2014 年耐克公司又推出了 Vapor Carbon 2014 精英版 3D 打印跑鞋和 Vapor Hyper Agility 版 3D 打印足球鞋。

 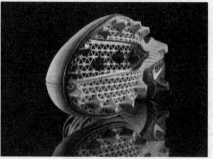

图 2-43　全球首款 3D 打印足球鞋

随后，其他运动品牌纷纷开始尝试将 3D 打印技术应用于他们的运动鞋产品中。New Balance 公司在 2015 年推出一款 3D 打印中底的跑步鞋。安德玛（Under Armour）公司在 2016 年推出名为 Architech 的 3D 打印鞋，限量 96 双，在 2017 年又推出了在技术上更加成熟、名为 Futurist 的 3D 打印鞋。这几款 3D 打印鞋都有一个共同点，那就是均为限量版，这是因为传统的 3D 打印机打印速度较慢，且成本较高。

2017 年 4 月，通过与美国硅谷 3D 打印公司 Carbon 的合作，阿迪达斯公司推出了全球首款能实现大规模量产的 3D 打印跑鞋——Futurecraft 4D（见图 2-44）。该跑鞋的最大亮点是鞋中底采用 Carbon 公司的数字光合成（DLS）3D 打印专利技术，利用 EPU40 材料（一种光敏树脂和聚氨酯的混合物）制造而成，不仅穿着非常舒适，而且科技感十足。利用 DLS 技术，该款鞋中底的打印时间从原来的 1.5h 缩短到 20min。

图 2-44 阿迪达斯 3D 打印跑鞋——Futurecraft 4D

同年，3D 打印巨头惠普公司推出了 3D 打印鞋类解决方案 FitStation（见图 2-45），由此正式杀入鞋类个性化定制市场。FitStation 是市场上第一个真正的端对端的开创性软硬件解决方案，将 3D 打印技术在消费领域的应用又向前推进了一大步。FitStation 通过创新的 3D 扫描技术、动态步态分析以及先进的 3D 打印技术来为顾客提供量身定制的鞋类产品。FitStation 的具体应用过程如下：对用户足部进行精确的 3D 扫描，测量走路时足部对地面施加的压力，对其进行生物力学分析，并收集有关步态的具体信息，最后根据这些信息生成足部轮廓的三维数字化模型文件。这为进一步提供个性化的 3D 打印鞋类产品奠定了重要的数据基础。

目前 FitStation 平台已经与 3D 打印鞋垫公司 Superfeet 合作，在其 4000 个商店中进行应用试点，同时也将与德国的鞋类制造商 Steitz Secura 等公司进行合作，将 FitStation 平台投入到真正的鞋类生产中。

图 2-45   惠普推出了 3D 打印鞋类解决方案 FitStation

2.3.3   其他 3D 打印个性化产品

2013 年芬兰手机制造商 Nokia 和 3D 打印机制造商 MakerBot 建立了合作关系，3D 打印机设备 MakerBot Replicator 2 的拥有者能够在 MakerBot 的 Thingiverse 网站上自主下载适配于 Lumia 520 或者 Lumia 820 型号手机的个性化手机壳模板，并进行自主打印，如图 2-46 所示。Replicator 2 能够打印 20 多种不同颜色的 ABS 材料。

图 2-47 所示为比利时 3D 打印公司 Materialise 设计的带有文字的灯具。消费者可以把自己喜欢的一句话刻到灯具上，激发了消费者参与创作设计的热情，实现了个性化家居产品的设计和制造。

图 2-46   3D 打印手机壳   图 2-47   3D 打印个性化灯具

日本 Panasonic 公司与德国设计公司 WertelOberfell 共同推出了具有 3D 打印金属外壳的三款 Lumix GM 1 相机，将 3D 打印技术扩展到摄影领域，如图 2-48 所示。3D 打印相机外壳灵感源自设计史上的三个重要阶段，黄铜弧线缠绕起伏的外壳代表新艺术运动（Art Nouveau），黑色的编织纹理外壳则受到现代主义（Modernism）的启发，银色蜂巢则象征数字主义（Digitalism），上述设计呈现出不同时代的独特风貌。

图 2-48　具有 3D 打印外壳的三款 Lumix GM 1 相机

世界第二大眼镜制造商日本 HOYA 公司与比利时 3D 打印公司 Materialise 合作，推出了 Yuniku 3D 定制眼镜系统（见图 2-49），为人们带来了定制化 3D 打印眼镜解决方案。该系统可以根据佩戴者的不同脸型、功能需求以及视觉要求来进行定制化的眼镜设计，不仅提高了佩戴眼镜的舒适度，而且打造出个性化的产品风格。眼镜的镜架是利用 3D 打印 SLS 技术制造而成的，通过设置合理的工艺参数，3D 打印技术能够实现非常精细的产品效果，如图 2-50 所示。

图 2-49　Yuniku 3D 定制眼镜系统　　　　　图 2-50　3D 打印眼镜

2.4　评估产品是否适合使用 3D 打印技术

尽管 3D 打印技术为人们打开了一个全新的领域，然而目前 3D 打印技术在市场应用特别是终端产品制造中还未全面推开，主要存在以下制约因素：

1）打印材料种类少。3D 打印材料是 3D 打印能否得到广泛应用最关键的因素之一。理论上来说，所有的材料都可以用于 3D 打印，但是目前可供选择的 3D 打印材料主要有塑料、树脂和金属等，并且许多成型件强度不高、表面质量较差。用于工业领域的 3D 打印材料种类仍然缺乏，材料标准和使用规范有待建立，金属 3D 打印制件的力学性能、组织结构等有待于深入研究。

　　2）打印成本高。第一，工业级 3D 打印设备的价格从几十万到上千万元不等，非常昂贵；第二，3D 打印材料的价格从每千克几十元到几千元不等，例如适合终端制造的 3D 打印尼龙粉末 PA12，国外进口的价格为约 500 元/kg，金属材料价格更高；第三，与模具加工等传统的大批量制造方式相比，3D 打印的制造成本要大大高于大型企业规模化生产后均摊到每一件商品的成本，且批量生产比 3D 打印制造方式快速很多。

　　3）打印速度慢。由于 3D 打印技术是采用耗材（粉末、丝材或箔片）通过高温或高压，促使耗材层层叠加，最终成型的，因此，这种工艺相较于传统制造工艺效率较低，在大批量的生产任务下，还无法满足实际需要。

　　近年来，随着 3D 打印技术的快速发展，3D 打印材料、设备成本不断下降，未来 3D 打印产品的价格将会明显下降，且制造效率会越来越快。但是从现阶段的技术发展水平来看，3D 打印更适合个性化、小批量制造，特别是使用传统制造手段无法实现的、能够充分体现 3D 打印制造优势的产品。因此，在实际产品设计中，需要根据产品特点谨慎选取 3D 打印技术。产品是否适合使用 3D 打印技术，主要分为两大步骤：应用 3D 打印潜能评定和 3D 打印总体设计。

2.4.1　3D 打印潜能评定

　　3D 打印潜能评定即评估产品是否适合使用 3D 打印技术。3D 打印潜能评定的主要内容包括：

　　1）选择 3D 打印材料，即：现有 3D 打印材料是否满足产品实际使用要求。

　　2）选择 3D 打印工艺和设备，即：零件的几何尺寸是否在 3D 打印制造设备的成型范围内。

　　3）评估零件是否有非常适合 3D 打印工艺的特征，如定制化、轻量化、复杂几何结构、免组装结构、混合材料等。

　　通常来说，如果零件能够使用传统制造工艺经济地制造，那么该零件不适合选用 3D 打印工艺生产。

　　3D 打印逐层叠加的特性意味着制造任何形状的零件都不需要模具、工装、夹具等工具，能够实现个性化定制、结构轻量化设计以及简化零件，设计出质量更轻、性能更好的零件。例如：满足个性化需求（客户或患者等）的产品其制造成本有所降低；复杂几何构造可采用蜂窝结构（蜂窝、点阵、泡沫）或其他常用的结构设计；用一个或少数几个几何结构复杂的零件替代传统制造需要的多个零件，同时，零件数量减少（零件简化）对下游工序有许多益处，能减少装配时间、维修时间、车间复杂度、备件库存、工具等，从而在产品的整个生命周期中节约成本。

此外，在许多 3D 打印工艺中，材料的组分或性能在整个零件内可能会发生变化。基于这种特性，可通过改变材料组分或微观结构来制造功能梯度零件，从而获得所需的力学性能分布，但目前仅限于特定 3D 打印工艺和设备。除了 SLA（立体光固化）工艺以外，其他 3D 打印工艺均能实现材料层间的离散控制；一些工艺能实现材料层内的离散控制，而一些工艺能实现点与点的材料变化控制。例如，在材料喷射和粘结剂喷射工艺中，材料的组分可以以几乎连续的方式实现微滴到微滴甚至混合液滴的变化；在定向能量沉积工艺中，能通过改变输入熔池中的粉末成分来改变材料组分；在材料挤出工艺中，使用多个沉积头可以实现离散控制材料组分；而粉末床熔融工艺因分离未熔化的混合粉末有一定困难，存在一定局限性。但随着技术发展和时间推移，设备性能将不断完善，提高材料组分的灵活性和性能控制能力是 3D 打印技术发展的一大趋势。

图 2-51 所示为产品是否适合使用 3D 打印的评估流程。

1）判断现有 3D 打印材料是否满足产品实际使用要求。

如果"是"，转入步骤 2）；如果"否"，则选择传统的设计和制造工艺。

2）选择具体的 3D 打印工艺和设备类型。

3）判断所有零件的几何尺寸是否在相对应的 3D 打印制造设备的成型范围内。

如果"是"，转入步骤 4）；如果"否"，则选择传统的设计和制造工艺。

4）对零件是否有非常适合 3D 打印工艺的特征（定制化、轻量化等）进行评估。如果至少有一项评估为"高"或"中"，那么可使用 3D 打印；否则选择传统的设计和制造工艺。

2.4.2　3D 打印总体设计及其流程

在完成评估产品是否适合使用 3D 打印技术的基础上，开展 3D 打印总体设计。

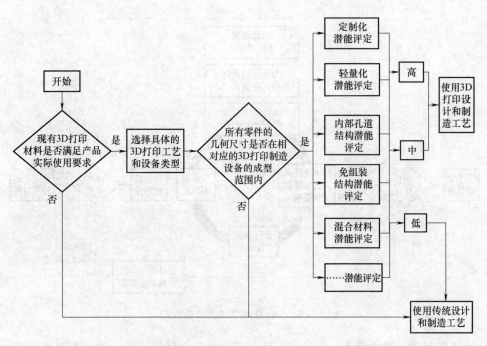

图 2-51　产品是否适合使用 3D 打印的评估流程

　　首先，需要确定一个主要决策依据或设计目标，例如成本、质量、交货周期等。其中成本是最常用的一个主要决策依据。

　　其次，设计者需要考虑与功能特性、力学性能和工艺特性等相关的技术问题。

　　最后，还应考虑选择 3D 打印工艺等所带来的几点风险问题：

　　1）3D 打印具体工艺的限制和要求。

　　2）实际应用的限制和要求等。

　　3）技术和商业风险因素。

　　图 2-52 所示为一个典型的机械零件结构设计流程，其中成本作为主要的决策依据。在某些情况下，设计者也可以用质量、交货周期或其他决策依据代替成本作为主要决策依据。

　　具体的设计流程为：

　　1）对于给定的设计任务，对"是否适合使用 3D 打印工艺"进行评估。

　　2）如果评估"通过"，那么进入步骤 3）；如果评估"不通过"，那么选择传统的设计和制造工艺。

　　3）对零件进行面向 3D 打印技术的创新自由设计，可以是功能集成、力

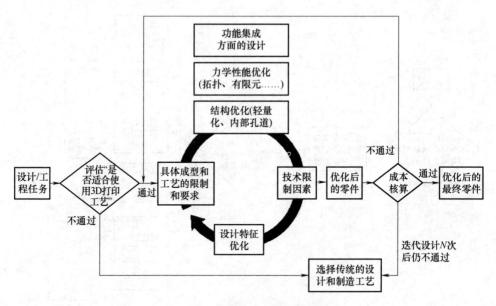

图 2-52   3D 打印总体设计流程图

学性能优化、结构优化、设计特征优化等中的至少任何一项，同时需要兼顾考虑 3D 打印具体工艺的限制和要求以及实际应用的限制和要求等。

4）得到优化后的零件。

5）对 3D 打印零件的制造成本进行核算，如果成本核实"通过"，即：核算出来的 3D 打印制造成本小于预算成本，那么进入到步骤 6）；如果成本核实"不通过"，即：核算出来的 3D 打印制造成本大于预算成本，那么进入到步骤 3）（如果迭代设计 N 次后仍不通过，那么选择传统的设计和制造工艺）。

6）得到优化后的最终零件，设计任务结束。

2.5   本章小结

3D 打印技术不仅从根本上改变了延续近百年的传统制造技术，而且对于产品设计领域会产生深远的影响。首先，3D 打印技术能够加速新产品的开发进程，提高产品市场转化的效率，极大地增强企业和产品的市场竞争力。其次，由于产品结构与造型的设计不再受到传统制造工艺的束缚，3D 打印技术会带来全新的产品设计理念，推动从面向加工工艺的设计向面向产品造型、性能、结构的自由和创新设计的转变。最后，当今社会，人们的要求越来越高，追求产品个性化以及艺术美，3D 打印技术使产品的个性化、高端化设计与生产成为可能，真正实现以人为本。随着 3D 打印技术的成熟与发展，必将在产品设计领域得到更加广泛的应用。

参 考 文 献

[1] 刘永辉，张玉强，张渠. 从快速成形走向直接产品制造——3D 打印技术在家电产品设计制造中的应用（下）[J]. 家电科技，2014，(11)：20-21.

[2] 李涤尘，贺健康，田小永，等. 3D 打印：实现宏微结构一体化制造 [J]. 机械工程学报，2013，49 (6)：129-135.

[3] 张楠，李飞. 3D 打印技术的发展与应用对未来产品设计的影响 [J]. 机械设计，2013，30 (7)：97-99.

[4] 许廷涛. 3D 打印技术——产品设计新思维 [J]. 电脑与电信，2012，(9)：5-7.

[5] 杨伟，陈正江，补辉，等. 基于工程塑料的 3D 打印技术应用研究进展 [J]. 工程塑料应用，2018，46 (2)：143-147.

[6] 杨永强，吴伟辉. 制造改变设计——3D 打印直接技术 [M]. 北京：中国科学技术出版社，2014.

[7] GIBSON I, ROSEN D, STUCKER B. Additive Manufacturing Technologies [M]. New York：Springer US, 2010.

[8] 潘萍，杨随先. 产品形态创新设计及其评价体系研究现状与趋势 [J]. 机械设计，2012，29 (5)：1-5.

[9] 何志明. 3D 打印技术对产品的影响 [J]. 包装工程，2018，39 (10)：188-193.

[10] 高越. 3D 打印技术影响下设计师与产品设计的重新定位 [D]. 北京：北京理工大学，2015.

[11] 李文嘉. 仿生学拟态化视角下的 3D 打印产品创新设计研究 [J]. 艺术设计研究，2015，(1)：88-91.

[12] 周松. 基于 SLM 的金属 3D 打印轻量化技术及其应用研究 [D]. 杭州：浙江大学，2017.

[13] 吴复尧，邱美玲，王斌. 3D 打印无人机的研究现状及问题分析 [J]. 飞航导弹，2015，(10)：20-25.

[14] 王伟，袁雷，王晓巍. 飞机 3D 打印制件的宏观结构轻量化分析 [J]. 飞机设计，2015，(3)：24-28.

[15] 王军武，刘旭贺，王飞超，等. 航空航天用高性能超轻镁锂合金 [J]. 军民两用技术与产品，2013，(6)：21-24.

[16] 杨合，李落星，王渠东，等. 轻合金成形领域科学技术发展研究 [J]. 机械工程学报，2010，46 (12)：31-42.

[17] 李芳，凌道盛. 工程结构优化设计发展综述 [J]. 工程设计学报，2002，9 (5)：229-235.

[18] 李松泽. 基于 Inspired 的地板加强件结构优化设计 [J]. 科技视界, 2017, (11): 193-194.

[19] 张胜兰, 郑冬黎, 郝琪. 基于 HyperWorks 的结构优化设计技术 [M]. 北京: 机械工业出版社, 2007.

[20] 王广春. 增材制造技术及应用案例 [M]. 北京: 机械工业出版社, 2014.

[21] Wohlers Associates Inc. Wohlers Report [R]. 2019.

[22] 姚文静. 空客公司获得 3D 打印产品和技术支持 [J]. 中国钛业, 2019 (2): 50-50.

[23] 陈然. 雷诺卡车利用 3D 打印技术设计轻量化发动机 [J]. 商用汽车, 2017, (2): 92-92.

[24] 周伟民, 闵国全. 3D 打印技术 [M]. 北京: 科学出版社, 2016.

[25] 全国增材制造标准化技术委员会. 增材制造设计要求、指南和建议: GB/T 37698—2019 [S]. 北京: 中国标准出版社, 2019.

[26] 李勇, 刘远哲. 3D 打印技术下的运动鞋设计发展趋势 [J]. 包装工程, 2018, 39 (24): 152-157.

[27] 李斐. 基于逆向工程的塑料制品造型设计 [J]. 塑料科技, 2012, (2): 76-79.

[28] Wohlers TERRY. Additive manufacturing: status and opportunities- additive manufacturing and 3D printing [J]. State of the Industry, 2014, (4): 157-160.

[29] 高晓晓, 江红霞. 应用 3D 打印技术的运动文胸模杯个性化定制 [J]. 纺织学报, 2018, 39 (11): 135-139.

[30] 朱昱, 李小武, 魏金栋, 等. 基于逆向工程的三维模型重构 [J]. 塑料科技, 2017, (4): 79-83 .

[31] 唐文来, 樊宁, 李宗安. 基于 3D 打印牺牲阳模的异型截面微流道便捷加工 [J]. 分析化学, 2019, 47 (06): 838-845.

第**3**章

3D打印技术在工业制造中的应用

3D打印作为一种新兴的先进制造技术，凭借其无与伦比的独特优势和特点，给工业产品的设计思路和制造方法带来了巨大的变革。

工业和信息化部、国家发改委等十二部委联合发布的《增材制造产业发展行动计划（2017—2020年）》中明确提出：“以直接制造为主要战略取向，兼顾原型设计和模具开发应用，推动增材制造在重点制造、医疗、文化创意、创新教育等领域规模化应用。”在重点制造领域，文件着重指出“推进增材制造在航空、航天、船舶、核工业、汽车、电力装备、轨道交通装备、家电、模具、铸造等重点制造领域的示范应用。”具体分别如下：

航空：针对各类飞行器平台和发动机大型、复杂结构件，推进激光直接沉积、电子束熔丝成型技术在钛合金框、梁、肋、唇口、整体叶盘、机匣以及超高强度钢起落架构件等承力结构件上的应用，推进激光、电子束选区熔化技术在防护格栅、燃油喷嘴、涡轮叶片上的示范应用，加强增材制造技术用于钛合金框、整体叶盘关键结构修理的验证研究。

航天：利用增材制造技术实现运载火箭、卫星、深空探测器等动力系统、复杂零部件的快速设计、原型制造；实现易损部件、备品备件等的直接制造和修复。

船舶：推进增材制造在船舶与配套设备领域的产品研发、结构优化、工艺研制、在线修复等应用研究，实现船舶及复杂零件的快速设计与优化，推进动力系统、甲板与舱室机械等关键零部件及备品备件的直接制造。

核工业：推进增材制造在核级设备复杂、关键零部件产品研发、工艺试验、检测认证，利用增材制造技术推进在役核设施在线修复。

汽车：在汽车新品设计、试制阶段，利用增材制造技术实现无模设计制造，缩短开发周期。采用增材制造技术一体化成型，实现复杂、关键零部件的轻量化。

电力装备：在核电、水电、风电、火电装备等设计、制造环节使用增材制造技术，实现大型、复杂零部件的快速原型制造、直接制造和修复。

轨道交通装备：推进增材制造技术在新产品研发、工艺试验、关键零部件试制过程中的快速原型制造，实现关键部件的多品种、小批量、柔性化制造，促进轨道交通装备绿色化、轻量化发展。

家电：将增材制造技术纳入家电的设计研发、工艺试验环节，缩短新产品研制周期，推进增材制造技术融入家电智能柔性制造体系，实现个性化定制。

模具：利用增材制造技术实现模具优化设计、原型制造等；推进复杂精密结构模具的一体化成型，缩短研发周期；应用金属增材制造技术直接制造复杂型腔模具。

铸造：推进增材制造在模型开发、复杂铸件制造、铸件修复等关键环节的应用，发展铸造专用大幅面砂型（芯）增材制造装备及相关材料，促进增材制造与传统铸造工艺的融合发展。

3.1 3D 打印在产品直接制造中的应用

3.1.1 航空航天领域的 3D 打印直接制造

航空航天领域的产品普遍存在结构复杂、工作环境恶劣、质量轻以及零件加工精度高、表面粗糙度值低和可靠性要求高等特点，需要采用先进的制造技术。此外，该领域产品的研制准备周期较长、品种多、更新换代快、生产批量小，因此，其制造技术还要适应多品种、小批量生产的特点。3D 打印技术的出现，为航空航天产品从产品设计、模型和原型制造，到零件生产和产品测试都带来了新的研发思路和技术路径。

对于航空航天领域而言，3D 打印技术在节省材料方面的优势是非常显著的。过去一个钛合金航空异型件，100kg 的材料，抠到最后，只有 5kg 是有用的，95kg 都被切削掉了；而采用 3D 打印技术，可能只要 6kg，稍加切削就可以使用了。此外，传统制造方式不仅仅浪费材料，制造成本更是高得出奇。例如飞机上用的钛合金型材，全部加起来 20kg，却需要投资 5 个亿的拉伸机，才能把这个型材制造出来。对钛合金异型结构件，3D 打印技术做起来则非常简捷、快速。

在航空航天产品优化设计制造方面，3D 打印技术也起到了非常重要的作用。例如在战斗机起落架上，之前需要螺钉进行连接的两个或者多个部件，通过 3D 打印技术可以一次成型；在保证足够强度的同时，既减轻了重量，还降低了加工难度。此前需要焊接才能完成的三通管路，通过 3D 打印技术能够直接制造出一体结构，省去了之前焊接的流程，提高了成品化率。

因此，自 3D 打印技术问世以来，国内外的航空航天巨头都对其青睐有加。美国波音（Boeing）公司、洛克希德·马丁（Lockheed Martin）公司、GE 航空发动机公司、欧洲航空防务与航天（EADS）公司、英国罗尔斯-罗伊斯（Rolls-Royce）公司、法国赛峰（SAFRAN）公司、意大利 Avio 公司、加拿大国家研究院、澳大利亚国家科学研究中心等国外著名企业和研究机构，以及中国的北京航空航天大学、西北工业大学等都对其在航空航天领域的应用进行了大量研究工作。

航空工业应用的 3D 打印材料主要包括钛合金、铝锂合金、超高强度钢、高温合金等，这些材料具有强度高、化学性质稳定、不易成型加工以及传统加工工艺成本高昂等特性。

美国波音公司早在 1997 年起就开始使用 3D 打印技术，到目前为止已在 10 个不同的飞机制造平台上打印了超过 2 万个飞机零部件，已成功应用在 X-45、X-50、F-18、F-22 等战斗机以及波音 787 梦幻客机中。

美国洛克希德·马丁公司联合 3D 打印设备制造商西亚基（Sciaky）公司开展了大型航空钛合金零件的 3D 打印制造技术研究，采用该技术成型制造的钛合金零件（见图 3-1）已于 2013 年装到 F-35 战斗机上成功试飞。

图 3-1　Sciaky 公司公开的 3D 打印钛合金零件

美国 GE 公司重点开展航空发动机零件的 SLM 和 EBM 制造技术研究和相关测试，图 3-2 所示为 GE 公司发布的第一款在商用喷气式发动机上试飞的 3D 打印发动机零件，该款 3D 打印零件是 T25 压缩机入口温度传感器的外壳，采用钴铬合金的微细粉末进行打印，兼具轻量化和坚固性。该零件已经获得了美国联邦航空局 FAA 和欧洲航空安全局 EASA 的适航认证，这意味着 3D 打印技术已正式得到航空发动机制造业的认可。

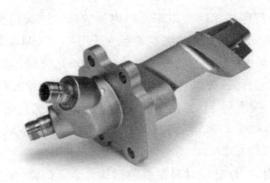

图 3-2   GE 公司发布的 3D 打印飞机发动机零件

目前，GE 公司配备了 19 个 3D 打印燃料喷嘴的 LEAP-1A 发动机已经安装在空客 A320neo 上载客飞行，土耳其 Pegasus 航空公司成为首家接收搭载该发动机的 A320neo 用户，如图 3-3 所示。

图 3-3   搭载 LEAP-1A 发动机的空客 A320neo 飞机

欧洲空中客车公司（Air Bus）（简称空客公司）也于 2006 年开展了飞机起落架金属 3D 打印技术研发工作，对飞机短舱铰链进行拓扑优化设计，使最终制造的零件质量减轻 60%，并解决了原设计零件在使用过程中存在高应力集中的问题。此后，空客公司越来越多地将 3D 打印零件应用到飞机制造中。2017 年 9 月，空客公司宣布首次在 A350 XWB 系列量产客机上完成了 3D 打印钛合金支架的安装，如图 3-4 和图 3-5 所示。该支架链接飞机机翼和发动机，在飞机发动机挂架结构中起着重要的作用。这也是空客首次安装 3D 打印钛金属零件在批量化生产的系列飞机上，具有里程碑意义。

图 3-4　3D 打印的钛合金支架组件构成 A350 发动机挂架的一部分

图 3-5　发动机挂架

在 2016 年 6 月 1 日开幕的柏林航空航天博览会上,空客公司还展出了全球首架 3D 打印迷你飞机"雷神(Thor)",如图 3-6 所示。这是一架无窗无人机,质量为 21kg,长约 4m,除了电器元件外,其他部分绝大多数是基于聚酰胺材料打印而成的,它已经在德国汉堡完成了首飞。

图 3-6　空客公司全球首架 3D 打印飞机"雷神"

国内北京航空航天大学王华明院士团队研制成功国内首套"动密封/惰性气体保护"钛合金结构件激光快速成型成套工艺装备，并突破了飞机钛合金结构件激光快速成型关键工艺及应用关键技术，制造的钛合金大型整体关键主承力构件已经在多种重点型号飞机上成功应用，如图 3-7 所示。这使我国成为继美国之后世界上第二个掌握飞机钛合金结构件 3D 打印及在飞机上装机应用技术的国家，相关成果获 2012 年"国家科技进步"一等奖。

图 3-7   北京航空航天大学研制的激光成型设备及 3D 打印的飞机钛合金零件

西北工业大学黄卫东教授团队依托国家凝固技术重点实验室，成功研制出系统集成完整、技术指标先进的激光熔融沉积成型装备，为商飞 C919 大飞机提供了多种大型钛合金构件，尺寸最大的零件长度已经达到了 2.85m，如图 3-8 所示。

图 3-8   西北工业大学研制的激光熔融沉积成型设备及制造的 C919 大型钛合金构件

华中科技大学史玉升教授团队研发出了选择性激光熔融成型设备，并与中国运载火箭技术研究院首都航天机械公司共同成立了快速成型技术联合实验室，从事选择性激光熔融（SLM）技术的研究。其制备的部分零件如图 3-9 所示。

a) 多层复合整体叶轮　　　　　　　　b) 流道变截面零部件

c) 内外空心螺纹流道零部件　　　　　　d) 单叶轮零部件

图 3-9　华中科技大学利用选择性激光熔融技术制备的零件

上海航天设备制造总厂研制出了面向大型金属构件的机器人同轴送粉激光 3D 打印装备（见图 3-10），经过两年的研发与测试，各项关键性能参数通过了检验机构的检测，并开始应用于航天结构件的 3D 打印。其成型效率高于 200g/h（TC4），最小分层厚度小于 40μm，成型空间达 1500mm × 1200mm × 900mm，已成功打印出卫星星载设备的光学镜片支架、核电检测设备的精密复

图 3-10　同轴送粉激光 3D 打印装备

杂零件、飞机研制过程中用到的叶轮、汽车发动机中的异形齿轮等构件。

　　中国航天科技集团公司上海航天技术研究院成功研制出航天多激光金属 3D 打印机，该 3D 打印机采用双激光器，即长波的光纤激光器和短波的二氧化碳激光器，可打印长、宽、高不超过 250mm 的物品，每小时可打印 $8cm^3$，打印材料为不锈钢、钛合金、镍基高温合金等。该 3D 打印机已成功低成本地打印出了卫星星载设备的光学镜片支架、核电检测设备的精密复杂零件、飞机研制过程中用到的叶轮、汽车发动机中的异形齿轮等零件，如图 3-11 所示。经过测试，这些 3D 打印的零件性能能够满足工程化应用的要求。

　　与传统技术相比，3D 打印在制造航天器方面具有明显的优势。复杂结构可以实现高精度直接打印，无须加工模具，大大提高了生产效率。3D 打印也意味着可以将复杂结构制成单件，而不是组装各种不同的部件。随着技术的发展，航空航天产品上的零件构造越来越复杂，力学性能要求越来越高，质量却要求越来越轻，通过传统工艺很难制造，而 3D 打印则可以满足这些需求，成为高效、低成本制造的新方法。

某型号传动元件

航天发动机叶轮

某型号卫星星载设备光学镜片支架

图 3-11　3D 打印精密复杂金属零件

3.1.2　汽车领域的定制化产品制造

　　随着"互联网＋"、工业 4.0 的深入推进，新一轮的消费升级使用户的消费习惯和消费心理发生快速的变化，个性化需求日益显现。如何针对用户的需求做出快速反应，为用户提供更好的产品和服务，是传统制造业在互联网时代实现成功转型的关键。在这个过程中，3D 打印扮演了一个重要的角色。因为传统大规模生产成本低、效率高、交货快，但品种单一；定制化生产品种多，但规模小、成本高、效率低、交货慢，如何在两种模式间取长补短，一直困扰着企业。3D 打印技术则刚好可以满足这一要求，做到按需生产，使产品的外观和结构更加多样化，从而能够有效促进传统制造业的转型升级。

目前，3D 打印技术已经逐渐从原型制造过渡到定制化零件的生产制造，开始满足人们日益增长的个性化需求。特别是近年来，3D 打印在汽车制造领域的应用迅速发展，无论是整车厂还是零部件厂商，3D 打印都为其开辟了一条更加高效的创新捷径，使企业逐步摆脱传统制造方式的限制，迈入发展快车道。

福特公司是首家配备 3D 打印机的汽车制造商，率先探索 3D 打印大型一体式汽车零部件，如图 3-12 所示的阻流板，并将其用于原型车制作和未来的车辆制造。

图 3-12　3D 打印大型一体式汽车阻流板

3D 打印技术将成为汽车制造业的突破性技术。首先，由 3D 打印技术生产的大型汽车零部件，在成本及效率上都更加具有优势；其次，相比采用传统工艺生产的零部件，3D 打印出的零部件质量更轻，并且有助于提升车辆的燃料效率；最后，3D 打印系统能够打印几乎任何形状的汽车零部件，以更经济有效的方式生产需求量较小的模具、原型车零件或组件。

大众集团已经在遍布全球的 26 座工厂中（包括中国长春、德国莱比锡、慕尼黑、奥斯纳布吕克）安装了多达 90 台金属 3D 打印机，用来生产汽车零件以降低成本。大众集团应用金属 3D 打印机打印的零件在保证承受能力与采用传统制造工艺生产出的零件相同的前提下，能够有效地降低原材料的使用，大幅度地减轻零件的质量，尤其适用于制造体积小、构造复杂、成本高的汽车零件。

标致汽车在其研制的 DS3 Dark Light 限量版汽车中采用钛合金 3D 打印内饰，通过个性化产品取得差异化竞争优势。通过采用参数化设计和钛合金 3D 打印技术，让内饰充满个性化风格，如图 3-13 和图 3-14 所示。

图 3-13　钛合金 3D 打印汽车内饰　　　　图 3-14　3D 打印的汽车钥匙

宝马公司的 MINI 汽车通过 3D 打印技术，为消费者提供汽车零部件个性化定制服务，将 MINI 汽车的定制化服务水平推向了新的高度。

图 3-15　宝马 MINI 汽车的定制化服务

宝马公司于 2018 年 3 月推出了车辆配件定制服务—— MINI Yours Customized，如图 3-15 所示。该定制服务利用 3D 打印技术帮助消费者为他们的 MINI 汽车增添个性化元素，可定制的配件包括侧舷窗、内饰等，而且质量、功能和安全性也会与原装配件保持一致。

在制造这些定制配件方面，MINI 已经与其母公司宝马达成了合作，建立了合适的生产流程和分销系统。公司收到客户的定制信息后，便会在工厂中利用 3D 打印设备将它们制造出来，如图 3-16 所示。

奔驰母公司戴姆勒宣布，他们迄今为止通过 3D 打印的汽车零部件已经超过了 780 个，包括抽屉、盖层、固定条、适配器等。图 3-17 所示为 3D 打印的

图 3-16 宝马 MINI 汽车的定制配件

车载收纳盒,采用理光(Ricoh)选择性激光烧结(SLS)3D 打印机打印完成。

图 3-17 戴姆勒公司 3D 打印的车载收纳盒

3.1.3 家电领域的个性化产品制造

在家电领域,随着 90 后、00 后消费群体的崛起与壮大,年轻人群已成为当前家电产品消费的主力军。在追求个性化、极致品质的时代,他们已不满足于整齐划一的传统家电产品,而是更加注重消费体验,追求彰显个性的产品。另一方面,对于家电行业来说,传统的家电批量化的生产模式、千篇一律的外观、同质化的功能设定已不能满足市场多样化、个性化的需求,家电行业大规模制造的模式已成过去,用户做主、按需定制的时代已经来临。

为满足消费者的个性化需求,各大企业在产品类型的挖掘上也是费尽了心思。各种颜色或图案的定制家电如井喷般出现在市场上。如苏宁的欧洲杯定制电视,海信欧洲杯主题定制冰箱,海尔 Hello Kitty 定制洗衣机,格兰仕情侣款

"热恋"微波炉、美的小天鹅美国队长款洗衣机等各式各样的定制家电新品不断地冲击着人们的眼球。

然而，个性化定制家电并没有想象得那么容易实现。目前，定制化家电仍旧处于探索阶段，流水线批量化的生产模式限制了家电一对一的量身定制，多数的定制产品设计主要还是由厂商决定，根据销售数据及流行趋势来自行把握产品方向。很多家电企业所谓的定制还只是停留在改变部分外观或是具体的某个功能模块上，很少能真正做到"量身打造"。而 3D 打印技术的发展使家电产品的个性化、定制化成为可能，应用前景十分广阔。

全球家电领军企业海尔集团（简称海尔）针对我国家电行业转型升级的迫切需求，顺应家电产品个性化、高端化的趋势，利用 3D 打印技术及云计算、大数据等信息技术，在国内率先启动了基于 3D 打印制造的家电产品个性化定制服务模式，搭建了国内首个高端家居家电产品个性化定制服务平台，实现了基于 Web 的三维交互式创意设计、支持 3D 打印的家电产品专业化设计、产品创新创意管理与交易。

2015 年海尔在上海家博会上推出了全球首台 3D 打印空调（壁挂机）（见图 3-18）。其外观呈三维立体海浪形状，轮廓呈流线型弧度，颜色白蓝渐变，如同大海的波浪一般，时尚又大方。这款空调一改普通空调的形象，给大众一种全新的视觉，从外观上就让人感到非常惊艳，令人心动。这款高端大气的 3D 打印空调，拿回家就能立即安装使用，制冷制暖，功能齐全。更神奇的是，它具有液晶显示屏，也是 3D 打印一体完成的，能显示温度和状态。为了更好地满足用户需求，海尔结合用户喜好，将 3D 打印空调设计得更加人性化，用户可以自由选择空调的颜色、款式、性能、结构等，还可以把自己的喜好以及装修风格（例如姓名、照片等具有个性化的图案）打印到空调外壳上，3D 打印技术的创新应用使定制个性化需求的空调成为可能。

同年 9 月，在国际消费电子展（IFA）上，海尔又推出了具有送风功能的 3D 打印柜式空调（见图 3-19），在家电上首次实现了功能和结构打印，将 3D 打印技术在家电上的应用向前推进了一大步。这款 3D 打印空调采用一体式设计，在空调未开启时，前面板是一个整体封闭的面，表面会有六边形的纹理。当空调开启后，前面板会随出风需要沿表面六边形肌理裂开，形成大面积的缝隙，满足出风需要。用户根据前面板六边形裂开的大小就能判断出风的强弱和方向等状态。此外，空调两侧有指示空调工作状态的渐变灯光，为用户提供了一种全新的交互体验。

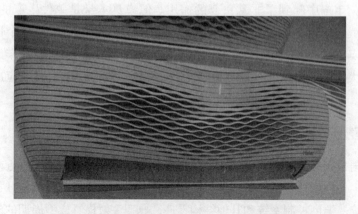

图 3-18　海尔全球首台 3D 打印空调（壁挂机）

图 3-19　海尔在国际消费电子展（IFA）上推出的 3D 打印柜式空调

3.2　3D 打印技术在成型模具制造中的应用

　　模具加工以其优质、高效、低成本、低能耗等特点而得到广泛应用，覆盖了工业生产的各个方面，被称为"工业之母"，在现代工业生产中占有重要地位。模具技术水平的高低不仅成为衡量一个国家制造业水平的重要指标，而且在很大程度上决定着这个国家的产品质量、效益及新产品开发能力。绝大部分工厂在批量生产产品前都会首先制作模具，根据模具来完成后续的大批量订单。没有模具，批量生产、规模制造几乎不可能。

　　模具是用于产品规模化、大批量生产的，生产批量越大，产品制造成本越低，因此在工业化生产中起到了非常重要的作用。但模具本身是单件生产的，生产一个零件一般只需要一套模具就够了，因此模具的设计制造过程具有个性化离散制造的特点，这与 3D 打印个性化制造的特点非常吻合。因此模具作为一个单件制造与大批量生产的转换器，被认为是 3D 打印技术一个重要的应用领域和发展方向。

3.2.1 注射模随形冷却水路的 3D 打印制造

通过模具注射成型是应用最广泛的一种塑料制品加工方法，其数量接近塑料制品总量的一半。注射模包括成型零件、导向部件、浇注系统、脱模机构、抽芯机构、排气系统、温度控制系统和其他结构零件，典型注射模具成型周期的时间分布如图 3-20 所示，包括开模时间、注射时间、保压时间、冷却时间，其中冷却时间在整个注射周期中的占比接近 70%，决定着注射的生产效率。此外模具温度还直接影响塑料件的品质，如表面粗糙度、翘曲、残余应力以及结晶度等，注射生产中 60% 以上的产品缺陷来自不能有效地控制模具温度，因此模具的温度控制系统对注射成型质量和生产效率起着决定性的作用。优化模具水路设计，提高温度分布均匀性，可以减少成型缺陷，提高塑料件的成型质量；缩短冷却时间，可以降低生产周期，提高生产效率。因此，高效的模具冷却系统可以显著提升注射成型的成本效益。

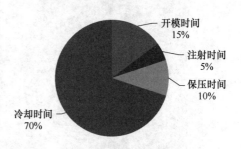

图 3-20 一个注射模具成型周期的时间分布

目前，塑料产品的形状越来越复杂多样，含有更多复杂的曲面结构，传统的冷却水路多以钻孔的方式加工成直线型，由于水路距型腔表面距离不一致，使模具难以获得均匀的温度分布，容易导致冷却不均匀和翘曲变形等产品缺陷。另外，水路与型腔距离不一使得塑料件不同部位的冷却速率不同，冷却速率慢的部位拖延了整个塑料件的冷却时间，延长了生产周期。因此，设计一个有效的冷却系统来提高注塑件的成型质量和生产效率具有非常重要的意义。

针对上述问题，注射模 3D 打印随形冷却技术应运而生。该技术采用随产品轮廓形状变化而变化的随形冷却水路，如图 3-21 所示。与传统的冷却水路相比，3D 打印随形冷却水路摆脱了常规加工工艺对水路加工的诸多限制，使水路布局更能贴近产品轮廓，能够很好地解决传统冷却水路与型腔表面距离不一致的问题，使模具型腔温度分布均匀，实现注射产品的均匀高效冷却，消除翘曲变形等缺陷，缩短注射件的制造周期，提高生产效率，增强企业的竞争力，具有很强的适用性。随着 3D 打印技术的快速发展，随形冷却水路逐渐成为注射模领域的研究热点。

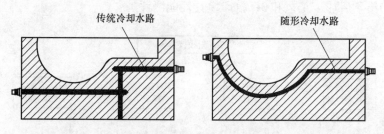

图 3-21　传统冷却水路与随形冷却水路示意图

　　近年来，国内外都在探索研究将 3D 金属打印与传统模具制造工艺相结合，并通过随形冷却水路的优化设计来提高复杂模具的冷却效率和成型质量，从而实现模具冷却技术的进一步发展，特别是针对注射成型产品的冷却盲区或模具上不易散热的区域，例如局部的凸起或凹陷。图 3-22 所示为随形冷却水路方案与传统冷却水路方案的模具温度分布对比，可以看出随形冷却水路方案的模具温度分布更均匀，冷却效率更高。

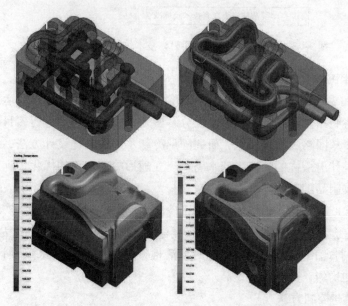

图 3-22　随形冷却水路方案（右）与传统冷却水路方案
（左）的模具温度分布对比

目前国内外针对三维复杂形状注射模的制造需求，正在重点研究基于金属3D 打印工艺的模具随形冷却水路优化设计及加工技术。通过建立 3D 打印随形水路注射模技术体系（见图 3-23），为提升模具行业竞争力提供了成套技术方案。该体系的主要内容包括随形冷却水路的优化设计方法、3D 打印工艺控制、3D 打印模具后加工工艺和 3D 打印模具性能测评。

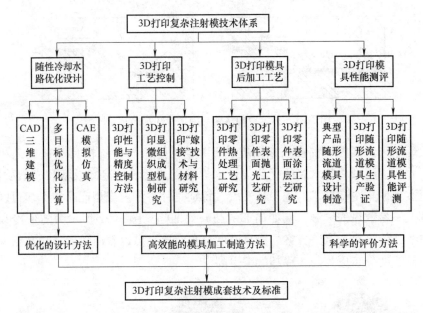

图 3-23　3D 打印随形水路注射模技术体系

1. 随形冷却水路优化设计方法

应用 MARC 和 Moldflow 等 CAE 软件对随形水路进行冷却效果分析。运用区域分解算法，将制品热点区域的几何表面分解出来，以此为基础进行多目标优化；同时融合冷却回路的设计知识，研究随形冷却水路的优化设计方法，针对典型模具镶件设计出最优的随形冷却水路，建立随形冷却水路的优化设计系统方法，自动完成制品随形冷却方案的构建。

对于复杂形状产品模具，传统的钻孔加工冷却水路的结构与布局无法实现均匀冷却，模具上会存在很多的热量聚集区，模具各部分温度差异大，制品冷却不均匀。而 3D 打印冷却水路具有更大的灵活性，可以实现随形水路设计，因此温度分布更加均匀，产品质量更高。

2. 3D 打印工艺控制方法

研究 P20（对应我国牌号：3Cr2Mo）、S136（对应我国牌号：3Cr13）、4Cr13、18Ni300 等常用模具材料的 3D 打印成型工艺，并对粉末材料的成分、粒径、形貌进行优化处理；研究粉末材料在激光作用下的组织、缺陷形成机理，提出合理的控制方法；研究不同工艺对成型制件的力学性能、硬度、尺寸精度、显微组织的影响规律，获得能满足模具使用要求的工艺参数窗口。此外为了降低 3D 打印模具的成本，考虑将模具零件分成两部分，直通水路部分采用传统方法加工后作为母体，随形水路部分采用 3D 打印技术进行"嫁接"打印。此工艺需要研究母体模具钢材料与 3D 打印金属粉末材料的匹配，以及精确的打印参数控制方法和影响规律。

3. 3D 打印后处理工艺

利用 3D 打印制造出的金属零件，不论从加工精度还是表面质量，往往都不能直接满足实际使用要求，还要进行热处理等后加工工序，并结合机械加工、抛光、喷涂等工艺的使用。为此需要研究 3D 打印零件热处理及精加工工艺，研究不同热处理工艺对零件组织、性能及精度的影响规律，研究机械加工及表面处理工艺对模具表面质量的影响规律，建立 3D 打印模具高精度和高性能的后处理工艺方法。

国外学者已研究了 H13（对应我国牌号：4Cr5Mo SiV1）、M2（对应我国牌号：W6Mo 5Cr4 V2）等模具钢材料的 3D 打印工艺，并成型出致密的金属零件，德国、美国等国的模具企业已开始使用该技术制造随形冷却水路模具，并进行了应用验证，效果显示，其对模具及产品质量均有很大提升。图 3-24 所示为国外 3D 打印随形水路设计应用案例。

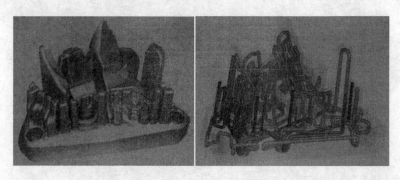

图 3-24　复杂型面模具镶件及内部的随形水路

国内清华大学颜永年教授团队、华中科技大学史玉升教授团队等分别联合模具企业开展了相关的研究和应用实践，进行了 316L（对应我国牌号：022Cr17Ni 12Mo2）不锈钢、4Cr13、18Ni300 等材料的 3D 打印试验，已成型出接近全致密的零件，并试验应用于三维复杂型面模具中随形水路的加工，取得了一定的成果。

图 3-25 所示为风机叶轮模具型腔及其随形水路形状，该模具型腔采用德国 EOS 公司 Maraging Steel MS1 模具钢粉末材料打印。通过模流仿真分析及随形水路设计优化，风机叶轮的注射冷却时间从初始的 54s 缩短到 35s，冷却效率提高 35%，且产品冷却均匀，翘曲变形大大降低。

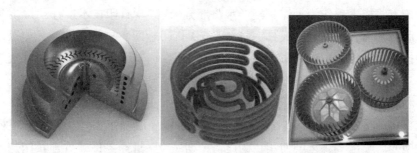

图 3-25   风机叶轮模具型腔及其随形水路形状

图 3-26 所示为某 LED 显示器后壳不同冷却水路设计方案及冷却时间对比。可以看出随形水路设计方案的冷却效果要明显好于传统水路设计方案。实际生产效果表明，在温度最高的区域，传统水路设计方案所需的最大冷却时间为 80s 以上，而使用 3D 打印随形冷却水路设计方案只需要 70s，冷却时间缩短了 12.5%。

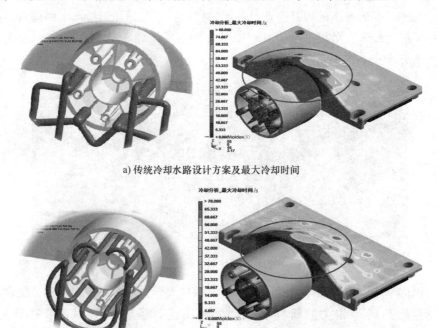

a) 传统冷却水路设计方案及最大冷却时间

b) 3D打印随形冷却水路设计方案及最大冷却时间

图 3-26   某 LED 显示器后壳不同冷却水路设计方案及最大冷却时间对比

3.2.2　3D 打印技术在其他模具中的应用

1. 轮胎模具

我国已成为世界第一大轮胎生产国、消费国和出口国，随着我国汽车工业的快速发展，对汽车轮胎的要求也越来越高。轮胎制作工艺的最后一步是在闭合模具中对轮胎进行硫化。硫化赋予橡胶弹性，模具则负责给橡胶塑形，最后成为我们日常所见的轮胎，如图 3-27 所示。

图 3-27　汽车轮胎及其表面花纹

轮胎模具是制造轮胎的重要装备。轮胎模具中的花纹块用于成型轮胎表面的花纹，它对于增加胎面与路面间的摩擦力以防止车轮打滑有着非常重要的意义。目前，轮胎花纹的设计种类越来越多，要求也越来越精细复杂，导致加工日益困难，轮胎花纹加工的精密程度直接影响到轮胎的精度和质量，甚至是轮胎的安全、驾驶的舒适度等。轮胎花纹的结构往往呈现出空间三维扭曲的状态，花纹具有弧度多、角度多等特点，这对轮胎模具的制造提出了更高的要求。

在轮胎模具花纹块的加工过程中，传统制造方法主要以数控铣加工为主，辅助以电火花加工及精密铸造加工。这些方法的共同特点是加工周期长、效率低，而且因为加工的角度、转角等不统一，有些花纹还有薄而高的小筋条或者窄而深的小槽，甚至是表面不规则的坑坑洼洼结构，所以加工难度很大。此外由于轮胎模具的很多花纹过深，在刀具的加工过程中，还会发生干涉现象，这为花纹的设计带来了不少的限制。特别是当花纹变得多而复杂的时候，轮胎模具的制造不仅变得困难，耗费的人力和时间也大幅增加。

轮胎模具 3D 打印技术可以完成传统机加工难以实现的形状复杂度，可以直接制造出传统方式很难加工的复杂形状的轮胎模具花纹块，而且从设计到打印生产出来的周期比传统方法更短。例如图 3-28 中所示的 3D 打印轮胎模具，可以在同一套模具上做出至少四种不同形状的复杂花纹。

图 3-28　具有不同形状花纹的 3D 打印轮胎模具

全球领先的金属 3D 打印公司 SLM Solutions 一直在关注、推进金属 3D 打印在轮胎模具方面的应用。作为金属 3D 打印中的高端品牌，SLM Solutions 金属 3D 打印机已经成功打印出了最薄处厚度只有 0.3mm 的钢轮胎模具，免去了冲压、折弯这些价格不菲的工艺，同时还省去了人工安装和焊接的成本。

图 3-29 所示为 SLM Solutions 公司打印出的轮胎模具，外层是一个铝制的机械加工的支撑外壳，用来提供足够的强度、稳定性以及圆度，内部是金属 3D 打印的模具部分，该部分具有复杂的花纹结构。

图 3-29　3D 打印的轮胎模具花纹结构

2015 年 9 月，全球领先的轮胎制造商米其林（Michelin）与知名法国工业工程集团法孚（Fives）组建了合资企业 AddUp Solutions，宣告正式进军金属 3D 打印领域。这家合资企业不仅开发一系列新型金属 3D 打印机，而且利用 3D 打印技术制造轮胎模具来开发性能更好的轮胎。通过 3D 打印技术，米其林突破了传统铸造与机械加工技术难以实现复杂纹理模具制造的局限性，设计出独特的雕塑系列轮胎 Michelin CrossClimate＋，并通过安全认证，使得米其林的轮胎在市场上更具竞争力。采用 3D 打印技术制造的米其林雕塑系列轮胎模具如图 3-30 所示。

图 3-30　3D 打印制造的米其林雕塑系列轮胎模具

目前国内生产轮胎模具的企业约 100 家左右，其中规模以上的约有 30 家左右，领军企业包括山东豪迈机械科技有限公司（简称山东豪迈）、广东巨轮股份有限公司等，他们不仅实现了规模化生产，而且正在向国际化迈进。其中山东豪迈已建成全球领先的轮胎模具研发与生产基地，年产各类轮胎模具 2 万多套，是世界轮胎三强米其林、普利司通和固特异的优质供应商。山东豪迈已经成功将金属 3D 打印技术用于轮胎模具的研发中，大大提高了公司的技术水平和市场竞争力。

2. 制鞋模具

近年来，随着 3D 打印技术在现代工业制造的应用，许多鞋业品牌也都已经开始利用 3D 打印技术进行智能化生产，改变了以往人工设计和制作代木制鞋样的生产流程，以求在激烈的市场竞争中占据先机。

3D 打印技术可以直接打印出整只鞋模，不再需要刀路编辑过程，也不需要换刀、平台转动等操作。每一个鞋模数据特征精确表达，利用 3D 打印机还可以一次性打印多个不同数据规格的模型，生产效率明显提升。

上海联泰科技股份有限公司自 2006 年开始进军鞋业市场，是国际上最早涉足鞋模行业的 3D 打印设备供应商之一，近年来已经与多家国际知名鞋业品牌厂商开展战略合作，快速推进面向鞋业专用的 3D 打印设备及配套软件的定制研发，为制鞋行业在看模、试穿模、铸造模等各个应用方向提供全面完备的综合解决方案，取得了良好的市场效果。其开发的 SLA 工艺鞋模 3D 打印机能够直接打印鞋底模具，打印出来的模具具有良好的精细度。该打印机打印出来的 PU 模具如图 3-31 所示，其制作出来的鞋底产品可以直接使用，具有低成本、高效率的优点。

图 3-31   3D 打印鞋模及制作出来的鞋底

3.3   3D 打印技术在铸造成型中的应用

铸造是将金属熔炼成符合一定要求的液体并浇进铸型里，经冷却凝固、清整处理后得到有预定形状、尺寸和性能铸件的工艺过程。被铸金属有铜、铁、铝、锡、铅等，普通铸型的材料是原砂、黏土、水玻璃、树脂及其他辅助材料，特种铸造的铸型包括熔模铸造、消失模铸造、金属型铸造、陶瓷型铸造等。

铸造是现代制造工业的基础工艺之一，也是比较经济的毛坯成形方法，对于形状复杂的零件更能显示出它的经济性。如汽车发动机的缸体和缸盖、船舶螺旋桨以及精致的艺术品等。有些难以切削的零件，如燃气轮机的镍基合金零件不用铸造方法无法成形。

我国是世界铸造第一大国。近年来，随着我国铸造产业的不断发展，铸造技术也取得了巨大的进步，其中一个重要内容就是在铸造生产中全面采用 3D 打印技术，推进快速铸造。快速铸造是将 3D 打印技术与传统铸造技术相结合而形成的铸造工艺，其基本原理是利用 3D 打印技术直接或者间接地打印出铸造用消失模、聚乙烯模、蜡样、模板、铸型、型芯或型壳，然后结合传统铸造工艺，快捷地铸造金属零件。

快速铸造工艺分类如图 3-32 所示，快速铸造工艺流程如图 3-33 所示。

3.3.1   快速熔模铸造

熔模铸造又称失蜡铸造，是指用蜡做成模型，在其外表包裹多层黏土、粘结剂等耐火材料，加热使蜡熔化流出，从而得到由耐火材料形成的空壳，再将

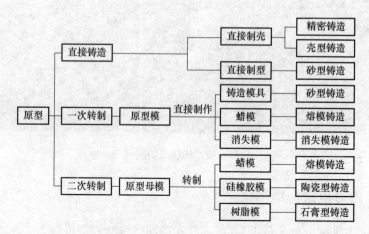

图 3-32　快速铸造工艺分类

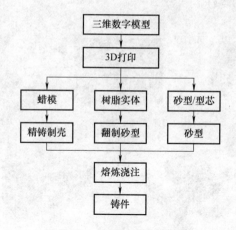

图 3-33　快速铸造工艺流程

金属熔化后灌入空壳,待金属冷却后将耐火材料敲碎得到金属零件。熔模铸造最大的优点就是由于熔模铸件有着很高的尺寸精度和良好的表面粗糙度,所以可减少机械加工工作,只在零件上要求较高的部位留少许加工余量即可,甚至某些铸件只留打磨、抛光余量,不必通过机械加工即可使用。但是制作复杂零部件所需的压蜡模具非常耗时,制作时间得以月计算,而且费用也很高。

　　快速熔模铸造是将 3D 打印技术与传统熔模铸造技术相结合,利用 3D 打印技术制作产品原型,然后再进行熔模铸造。与传统的蜡型制作方法相比,快速熔模铸造具有精度高、周期短、成本低的显著优势。基于 3D 打印技术的快速熔模铸造具体应用案例如图 3-34 所示。

图 3-34　基于 3D 打印技术的快速熔模铸造具体应用案例

3.3.2　间接快速砂型铸造

图 3-35 所示给出了基于 3D 打印技术的间接快速砂型铸造方法，该方法首先通过 3D 打印技术获得产品原型，然后应用原型翻制砂型，将砂型合箱后进行浇铸获得所需要的零件。

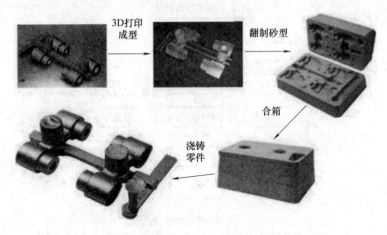

图 3-35　基于 3D 打印技术的间接快速砂型铸造方法

3.3.3　直接快速砂型铸造

在传统的砂型铸造生产过程中，需要熟练的技术工人依据图样或容貌来制作砂型，造型、制芯等工序往往耗费大量人力和时间。通过引入 3D 打印技术，可以直接快速制作所需的砂型结构，从而缩短造型工艺周期，减少对熟练技术工人的依赖。

德国 EOS 公司率先研发了基于 3D 打印的直接快速砂型铸造技术，该技术通过运用激光烧结等 3D 打印制造工艺，使表面包覆聚合物的型砂粘接起来以形成铸型结构，这一方法被 EOS 公司命名为 DirectCast，并于 2000 年在美国获得了专利授权。我国武汉滨湖机电技术产业有限公司及北京隆源自动成型系统有限公司也开发了类似的获得砂型结构的制造方法，自主研制了用于实现砂型快速成型的大尺寸 SLS 原型机，该方法及设备已在发动机缸体的砂型铸造中得到应用（见图 3-36）。

图 3-36　3D 打印的铸造砂型

3D 打印技术还被成功用于陶瓷型壳的直接制造。位于美国加州的 Soligen Technology 公司利用粘结剂喷射（3DP）技术，搭建了直接型壳制作铸造系统（DSPC），直接制作出包含内部芯子的陶瓷型壳，减少了传统熔模精铸中蜡模压制组合、制壳脱蜡等烦琐工序。该系统通过多个喷头喷射硅溶胶的方式将刚玉粉末粘结起来，未被粘结的刚玉粉被移除，从而获得型壳，所制作的型壳在进行高温焙烧以建立足够的力学强度后，即可进行金属液的浇注。该系统可以用于实现任意形状的零件生产，其适用材料包括铜、铝、不锈钢、工具钢、钴铬合金等多种金属材料，铸件的生产周期可由传统熔模精铸的数周缩减至 2 ~ 3 天。图 3-37 所示为利用该系统生产的发动机进气歧管铸件。

国内宁夏共享集团有限责任公司（简称共享集团）从 2012 年开始主攻铸造 3D 打印产业化应用技术，承担了"大尺寸高效铸造砂型增材制造设备"等国家重点研发计划项目。历经 6 年的探索与研究，实现了铸造 3D 打印等智能装备的成功研发，攻克了材料、工艺、软件、设备等难题，开发出了全球最大的型芯 3D 打印机，如图 3-38 所示，实现了铸造 3D 打印产业化应用的国内首创，改变了铸造的传统生产方式。其铸件生产周期缩短 50%，全过程"零排放"。

共享集团在四川建造了世界第一条铸造 3D 打印生产线，有 9 台 3D 打印机运用于产业化生产，又在银川建立了世界第一座万吨级的铸造 3D 打印智能工厂。该智能工厂设计型芯产能 2 万 t/年，主要设备有粘结剂喷射（3DP）打

印机 12 台、桁架机器人系统 1 套、移动机器人 1 台、智能立体库 1 套等。图
3-39 所示为共享集团建立的世界第一条铸造 3D 打印生产线，图 3-40 所示为
3D 打印制造的型芯。

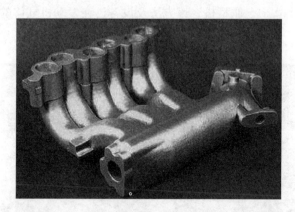

图 3-37 采用 DSPC 系统生产的进气歧管铸件

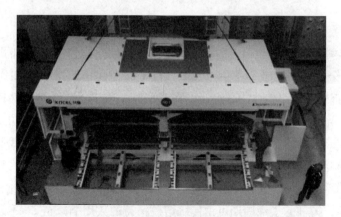

图 3-38 共享集团开发的全球最大型芯 3D 打印机

图 3-39 铸造 3D 打印生产线

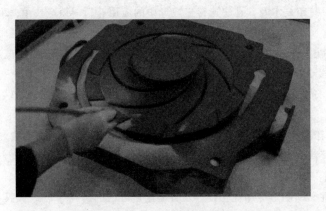

图 3-40 3D 打印制造的型芯

3.4 本章小结

目前，随着技术的不断发展，3D 打印正在向直接制造最终零部件方向发展。一方面，3D 打印凭借其独特的优势和特点，给工业产品的设计思路和制造方法带来了巨大的变革；另一方面，3D 打印技术大大降低了制造门槛，使产品的个性化、定制化生产成为可能。

同时，金属 3D 打印技术的应用也将为注射模和传统铸造行业带来变革，将有效提升注射模的冷却效率和成型质量，缩短铸造砂型的制造周期，使传统制造工艺的精度和效率得到提高，大幅提升传统制造业的科技含量和技术水平。

参 考 文 献

[1] 欧阳安. 增材制造从产业培育步入推广应用新阶段——《增材制造产业发展行动计划 (2017—2020 年)》解析 [J]. 中国机械工程，2018，29（23）：127-129.
[2] 范增伟，葛晓宏，黄红武. 一种高效快速热循环注塑模具换热结构的开发 [J]. 机电技术，2010，（4）：95-99.
[3] 史玉升. 3D 打印技术的工业应用及产业化发展 [J]. 机械设计与制造工程，2016，45 （2）：11-16.
[4] 刘继英. 基于 3D 打印的随形冷却注塑模具传热因素研究 [J]. 塑料工业，2017，45 （2）：78-81.
[5] 周屹. 基于 3D 打印的叶轮随形冷却模具设计与制造 [J]. 塑料科技，2017，45（3）：76-80.

[6] 张渝. 3D 打印技术及其在快速铸造成形中的应用 [J]. 铸造技术, 2016, 37 (4): 759-764.

[7] 鲁中良, 史玉升, 刘锦辉, 等. 注塑模随形冷却水路设计与制造技术概述 [J]. 中国机械工程, 2006, 17 (增刊): 165-170.

[8] 伍志刚. 随形冷却注塑模的设计与制造关键技术研究 [D]. 武汉: 华中科技大学, 2007.

[9] 刘雷. 基于 3D 打印的快速模具关键技术研究 [D]. 石家庄: 河北科技大学, 2018.

[10] 刘斌, 吴茜. 注塑模具随形冷却水路的设计方法与分析 [J]. 工程塑料应用, 2017, 45 (8): 123-128.

[11] 王勇. 注塑模随形冷却优化设计及分型制造方法的研究 [D]. 武汉: 湖北工业大学, 2013.

[12] 李月明. 基于鼠标的随形冷却注塑模多目标优化目标研究 [J]. 塑料工业, 2016, 44 (5): 66-70.

[13] 张新聚, 刘雷, 赵文清, 等. 注塑模具随形冷却的分析及优化 [J]. 塑料, 2018, 47 (2): 126-130.

[14] WANG Y, YU K M, WANG C C L, et al. Automatic design of conformal cooling circuits for rapid tooling [J]. Computer-Aided Design, 2011, 43 (8): 1001-1010.

[15] DANG X P, PARK H S. Design of u-shape milled groove conformal cooling channels for plastic injection mold [J]. International Journal of Precision Engineering and Manufacturing, 2011, 12 (1): 73-84.

[16] NELSON J W, LAVALLE J J, KAUTZMAN B D, et al. Injection molding with an additive manufacturing tool [J]. Plastics Engineering, 2017, 73 (7): 60-66.

[17] WU T, JAHAN S A, Zhang Y, et al. Design Optimization of Plastic Injection Tooling for Additive Manufacturing [C]. Procedia Manufacturing, 2017: 923-934.

[18] SUN Y Y, RUAN X C, LI H R, et al. Fabrication of non-dissolving analgesic suppositories using 3D printed moulds [J]. International Journal of Pharmaceutics, 2016, 513 (1-2): 717-724.

[19] CHOI H H, KIM E H, PARK H Y. Application of dual coating process and 3D printing technology in sand mold fabrication [J]. Surface and Coatings Technology, 2017, 332: 522-526.

[20] LI Z, WANG X Y, GU J F, et al. Topology Optimization for the Design of Conformal Cooling System in Thin-wall Injection Molding Based on BEM [J]. International Journal of Advanced Manufacturing Technology, 2017, 94 (1-4): 1041-1059.

[21] 高晓晓, 江红霞. 应用 3D 打印技术的运动文胸模杯个性化定制 [J]. 纺织学报, 2018, 39 (11): 135-139.

[22] 朱昱, 李小武, 魏金栋, 等. 基于逆向工程的三维模型重构 [J]. 塑料科技, 2017,

　　　　（4）：79-83.

[23] TONG X, LI F H, KUANG M, et al. Effects of WC particle size on the wear resistance of laser surface alloyed medium carbon steel [J]. Applied Surface Science, 2012, 258 (7): 3214-3220.

[24] WU A Q, LIU Q B, QIN S J. Influence of yttrium on laser surface alloying organization of 40Cr steel [J]. Journal of Rare Earths, 2011, 29 (10): 1004-1008.

[25] SUN G F, ZHOU R, LI P, et al. Laser surface alloying of C-B-W-Cr powders on nodular cast iron rolls [J]. Surface and Coatings Technology, 2013, 205 (8/9): 2747-2754.

[26] 潘虹. 3D 打印技术对产品设计创新开发的研究 [J]. 计算机产品与流通, 2019, (07): 116.

[27] 刘亚丹, 邹锐锐, 吴烨. 基于逆向工程和随形冷却技术的行车灯灯壳建模和模具冷却系统设计 [J]. 制造技术与机床, 2019, (06): 176-179.

[28] 郭智臣. 全球首款 3D 打印碳纤维一体式自行车车架首次亮相 [J]. 化学推进剂与高分子材料, 2019, 17 (03): 46.

[29] 马一恒, 王小新, 董志家, 等. 基于 3D 打印的注塑模随形冷却水路优化设计研究进展 [J]. 中国塑料, 2019, 33 (05): 130-137.

第4章

3D打印技术在维修及再制造中的应用

随着3D打印技术应用范围的扩大,该技术在维修和再制造领域逐渐受到重视,在各类装备或产品的维修及再制造的实践应用方面得到了快速发展。

装备或产品的全生命周期典型过程包括设计、制造、安装、使用、维修、报废等,其中使用过程占据了全生命周期的大部分时间,主要涉及设备的维护和维修管理。产品使用久了难以避免地会出现零部件损坏或失效,目前主要有两种维修方式:一种是用备用零件替换损坏的零部件来恢复故障装备的工作能力。另一种是利用3D打印技术快速地对废旧零部件进行再制造修复,使其性能得到提升,服役寿命得到延长,这具有非常重要的经济意义。与常规的备件供应链相比,利用3D打印技术只需保存备件的数字模型文件,在需要时用户可以网上申请下载,并利用3D打印机在家或就近制造出来。其不仅可以实现"零"库存,节省大量资金,响应速度快,而且能够解决为已停产的产品提供备件和售后服务这一行业难题。

4.1 3D打印技术对于备件供应链结构的影响

现代供应链采用了当代科学技术和组织管理模式,是指生产及流通过程中将产品或服务提供给最终用户所形成的网链结构。它是围绕核心产品或服务,统筹规划和整合核心产品、服务及上下游产品与服务的设计、采购、生产、销售、服务环节,以及金融、财务、法律、信息、物流等配套服务资源与运营而形成的体系。

一般而言,供应链多针对产品或服务的生产环节,其实对于产品或服务的售后环节,同样也存在供应链的问题。随着家电、汽车等制造业的飞速发展,售后维修服务在获取竞争优势、提高客户忠诚度和获取利润等方面的重要性日益突显,而售后服务的改进需要以合理的备件库存管理为基础。服务备件是产品生产商为了实现售后服务承诺,在售出产品后,所必须维持的用来提供维修或更换服务的零部件。作为维修设备或产品最主要的物质基础，备件的快速更换能够使有功能或外观缺陷的产品重新获得使用价值。与常规的备件供应链相比，融合了 3D 打印技术的现代供应链发生了根本性的变化。

4.1.1　3D 打印实现备件的按需制造和零库存

3D 打印技术对于产品供应链带来的变革影响是 3D 打印技术受到关注的重要原因之一。目前家电、汽车等传统制造行业在维修备件供应链中存在的主要问题如下：

1）为了库存而制造，据统计大约有 10% 的维修备件由于过量库存而造成浪费。

2）需要花费昂贵的场地、人工等仓储成本。

3）需要在特定的工厂中集中进行大批量生产，然后通过仓储、物流、分销抵达用户手中，生产时间长、运输、服务成本高。

4）仍然存在由于装备或产品服役使用超过 10 年、模具报废淘汰、更换供应商等各种原因而导致维修备件断供的问题，不能满足用户的维修服务需求。

3D 打印技术将给传统制造业维修服务和备件制造带来重大变革，其优点如下：

1）按需制造，无需库存，降低场地、人工等仓储成本。

2）无模具生产，仅需产品的三维数字模型。

3）能够实现分布式制造和社会制造，减少物流成本。可以不用设立多个库存中心存放零件备件，再运输到需要的位置，只需搭建一个拥有零备件 CAD 设计文件的在线模型库，任何地方只需一台 3D 打印机就可以在几分钟或几小时内制造出想要的备件，因此用户可以将产品的三维数字模型提交至最近的 3D 打印工厂或服务中心，按需进行生产。

4）能够满足绝大多数用户的维修服务需求。

常规的备件供应链与基于 3D 打印的备件供应链具体对比如图 4-1 所示。由图 4-1 可以看出，常规的备件供应链是在设备或产品的功能出现故障后，才开始查找和分析故障产生的原因，并找出对应的故障零部件。如果在故障零部件恰好有备件的情况下，直接对其更换、进行测试，满足功能后就可大功告成。在这种情况下维修的效率高，质量有保障。如果故障零部件没有备件，那就需要重新找到故障零部件的图样，再利用模具进行备件的生产制造。在这种情况下维修周期相对较长，因为是临时的小批量或单件生产，零部件的质量有待于验证。

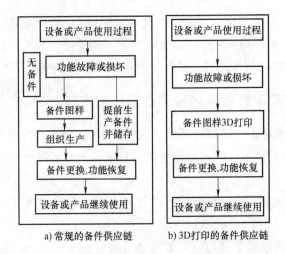

a) 常规的备件供应链　　b) 3D打印的备件供应链

图 4-1　常规的备件供应链与基于 3D 打印的备件供应链对比

基于 3D 打印的备件供应链，无需储备任何实物备件，只需保存产品或零部件的 3D 打印数据（包括三维数字模型文件、3D 打印材料、后处理工艺等）。当设备或产品的功能出现故障并找出对应的问题零部件后，3D 打印设备调取该零部件对应的数据模型，直接进行打印制造即可。这从根本上改变了现行的备件库存管理方式，真正意义上实现了备件的"零库存"管理，从原来的"按库存生产"转变为"按订单生产"模式。

基于 3D 打印的备件供应链的另一个优势在于能够为过时或停产型号的设备或产品提供备件和售后服务。由于三维模型图样丢失、模具报废等问题，往往无法对过时或停产型号的设备或产品提供备件和维修服务。针对上述行业难题，通过与逆向工程技术相结合，3D 打印技术能够提供一个理想的解决方案。首先通过 3D 扫描设备创建损坏零件的三维数字模型，然后将其发送到 3D 打印机直接打印制造。基于 3D 打印的备件供应链进一步扩展了常规的服务备件供应链的服务产品范畴，能够极大地提升用户对产品的满意度。

根据备件制造实现方式的不同，基于 3D 打印的备件供应链可以分为以下两种：

1. 设备制造商打印制造

用户报修以后，设备制造商维修服务人员上门检查确认整机产品损坏原因和需要更换的零部件。用户或维修人员只需采用客户端访问企业"零库存"备件数据库，查询是否存在该零部件的 3D 打印数据，若存在，根据系统的提示确认零部件的相关 3D 打印信息，由系统最终生成备件打印订单。设备制造商根据订单信息打印制造完成后，维修人员再到用户家里进行安装。

2. 用户授权打印制造

在需要更换产品配件的时候，用户通过客户端访问企业的"零库存"备件数据库，查询选择该产品配件的 3D 打印数据，并进行在线购买。企业备件管理系统会生成包含有该产品配件 3D 打印数据的授权数据包，用户下载该数据包后，可使用 3D 打印机打印出新的产品配件，之后可自行更换或者等待售后维修人员上门进行更换。

从维修成本的角度分析，就单个备件的制造成本而言，基于 3D 打印的维修备件制造成本一般要高于常规的维修备件，主要的原因在于目前 3D 打印的材料成本较高。随着维修备件数量的增加，储备常规的维修备件成本会急剧上升，因为这些备件制造过程中涉及了各种加工装备及对应的储存厂房。而基于 3D 打印的维修备件制造过程只需要几台 3D 打印机，不需动用其他的加工装备，也不需要任何的备件储存厂房。一般来说，维修备件尺寸越小，数量越多，基于 3D 打印的维修备件制造成本优势就越明显。

3D 打印技术在备件供应链领域日益受到重视。2016 年 3 月，美国知名信息技术研究和分析公司 Gartner 通过调查发现，65% 的供应链专业人士正在使用 3D 打印技术，并且将在未来几年内投资于 3D 打印技术，其中有 26% 的供应链专业人士目前正在使用或试用 3D 打印技术，有 39% 的供应链专业人士计划在未来两年内投资 3D 打印技术。

4.1.2　具体应用案例

1. 在家电领域的应用

家电行业在经历了从以价格战为核心手段，到品牌战、核心技术战，再到现在转变为服务能力的竞争后，逐渐意识到消费者不仅关注产品质量与价格，对售后服务的质量要求也越来越高。但售后服务市场的现状却令人担忧：一方面，大量家电产品的配件兼容性不高，而相关加盟服务商手中的备件也不充足，从而导致家电维修周期长，用户体验差；另一方面，传统企业为了保证售后服务质量、维护企业形象，在服务备件方面往往采用过量库存，出现库存积压、"死库存"等现象，为了储存备件需占用库存空间，还需要由专门人员进行备件库存管理，以上都造成企业大量资金的浪费。另外，对于停产的机型，例如大量 10 年前购买的还在使用的家电，产品报修后仍然需要备件，如何为这些过时的产品提供备件和售后服务，成为家电制造业的一个难题。

近年来，以海尔为代表的家电企业，开始探索利用 3D 打印技术快速响应售后低体量需求、实现按需制造和零库存的新途径。图 4-2 所示为利用 3D 打印技术制造某型号洗衣机卡扣备件的应用案例。个别老产品用户通过售后服务热线反馈洗衣机故障,经海尔维修人员上门检修,发现洗衣机卡扣部件已损坏需要更换。然而该型号家电产品为老旧产品,在用户家里使用也已经超过 10 年,生产该部件的模具由于年代久远已经报废,导致无法为用户提供维修部件。为解决上述问题,首先利用三维扫描技术对损坏部件进行三维扫描,通过数据修复获取该部件的三维数字模型;然后应用 SLS 3D 打印工艺和德国 EOS P396 设备直接生产出 3D 打印洗衣机卡扣部件。经海尔维修人员上门安装调试,用户家里的洗衣机又能够正常运转了,有效提升了用户满意度和品牌美誉度。据售后相关部门统计,该型号维修备件需求为每年 2500 件,通过应用 3D 打印技术共计可挽回经济损失约 100 万元。

利用 3D 打印技术生产老旧型号家电产品的维修备件,将成为常规模具生产维修备件的有益补充。不仅为企业减少退换机损失,而且能够有效提升用户满意度。该技术已经扩展应用到冰箱等其他家电产品维修备件上(见图 4-3)。

2017 年瑞典著名家用电器制造商伊莱克斯(Electrolux)与新加坡初创公司 Spare Parts 3D 合作开展一项 3D 打印备件的试点项目,利用数字化和 3D 打印技术实现备件零库存与缩短交付时间。图 4-4 所示为由新加坡 Spare Parts 3D 公司打印的一小批备件。伊莱克斯不再需要提前生产和储存所有备件以供未来使用,而是通过 Spare Parts 3D 公司及其遍布各地的 3D 打印生产服务商网络按需生产备件,并将其直接发送给客户。

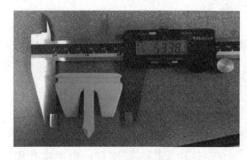

图 4-2　3D 打印洗衣机
卡扣备件(尼龙材料)

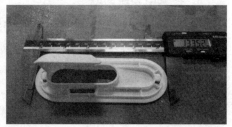

图 4-3　3D 打印冰箱空气
导流板备件(尼龙材料)

该项目包括以下 5 个阶段:

1)3D 打印备件选择:选择一些适合使用 3D 打印制造的备件,选择标准包括:已经停产、体积小、比传统注射成型件成本低。

2)工业化:针对不同的备件确定最适合的打印材料、最佳的生产工艺及

图 4-4　由 Spare Parts 3D 公司打印的备件

其参数。

3）数字化：为每个备件建立一份数字清单（包括三维数字模型、打印材料、工艺参数等），实现"数字化库存"。

4）质量测试：对 3D 打印备件进行质量测试。

5）盈利分析：将 3D 打印备件与传统注射成型件的生产成本进行对比。

2018 年新加坡 Spare Parts 3D 公司又与另一国际家电巨头美国惠而浦（Whirlpool）公司正式达成伙伴关系，共同致力于将惠而浦的零部件实现数字化，通过 3D 打印技术制造家电备件来解决零部件停产过时和短缺的问题。通过首批试点项目，Spare Parts 3D 选取了 150 个家电零件，成功验证了 FDM、SLA 和 MJF 三种不同 3D 打印工艺的适用性，使用材料涵盖 ABS、ABS V0、PA12、类橡胶树脂和类 PP 树脂等多个种类。

2. 在汽车领域的应用

3D 打印技术将给汽车备件市场带来巨大的改变，它适用于任何零件，不需要额外的工具和开发工作，所需要的只是一个虚拟的三维数字化模型。3D 打印技术大大提高了汽车备件制造的速度和灵活性，即使这些备件已经停止批量生产很久，无论设备型号有多老，都可以为客户提供至关重要的备件。另外通过在当地按需制造替换备件，还能够减少运输和仓储成本以及客户的等待时间。

2016 年德国汽车制造商梅赛德斯-奔驰率先使用 3D 打印技术为其货车生产 30 种不同的塑料零部件，探索汽车售后维修服务的新方式。这些零件包括盖子、垫片、弹簧帽、空气和电缆管道、夹子、安装件和控制元件等，并且基于 SLS 3D 打印工艺，使用最先进的 3D 打印设备制造出来。与传统备件相比，3D 打印货车备件具有相同的可靠性、功能性、耐用性和经济性，但是比传统零件制造更快速、更环保，同时节省存储和运输备件的成本。

2017 年进一步扩大应用，首次使用 3D 打印生产金属备件。该部件是一个利用 SLM 工艺制造的铝合金恒温器盖（见图 4-5），并且通过了所有严格的质量测试，适用于已经停产 15 年的 Unimog 等旧式货车型号。3D 打印的恒温器盖的性能与传统的压铸铝件性能非常接近，除了高强度和高硬度以及高动态阻力外，它们的生产成本更低。3D 打印金属技术的应用将极大地推动汽车市场的发展，在未来梅赛德斯-奔驰还计划利用 3D 打印技术在当地按需制造汽车备件，从而减少运输和仓储成本以及客户的等待时间。

图 4-5　梅赛德斯-奔驰货车的 3D 打印金属恒温器盖

3. 在远洋船舶领域的应用

远洋船舶在航行期间，经常出现船舶设备发生故障而船上又缺少相应备件的状况，给航运公司带来很大的安全隐患和经济损失。3D 打印技术能够实现快速打印相应备件，一方面可以迅速解决受损的船舶设备故障，另一方面，3D 打印技术在船上应用，也可以进一步减少航运企业船舶备件的种类和数量，因此具有重要的安全和经济意义。

2014 年 4 月，美国海军在 "Essex" 号两栖攻击舰上安装了 1 台 3D 打印机，起初只是用来打印一些需要的零部件，后来进一步扩大应用到 3D 打印无人机项目上，用于测试那些定制无人机执行特殊任务时的效果。同年，全球最大的集运公司马士基尝试利用 3D 打印这项新技术革新其船舶备件供应链，在一些船上安装了 3D 打印机以方便船员打印出所需要的零件，但是 3D 打印耗材大多还局限于 PLA、ABS 等塑料材料，应用范围受到很大限制。2017 在德国汉诺威工业展上，来自荷兰的 RAMLAB 实验室向海事界展示了其与软件巨头 Autodesk 合作，利用增减材复合加工技术制造的船用螺旋桨（见图 4-6），并将对螺旋桨进行包括系柱拉力和碰撞测试等全面性能试验，目标是打造出世界上第一个通过船级社认证的 3D 打印船用螺旋桨。3D 打印在船舶行业的大范围推广运用将逐步成为现实。

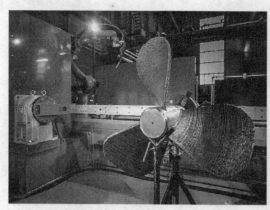

图 4-6　3D 打印船用螺旋桨

4. 在航空航天领域的应用

目前 3D 打印技术已成为促使航空航天零部件生产制造能力快速提升的一项关键性技术。空中客车公司通过实施 3D 打印技术，成功地制造出了数量超过 1000 个的飞机零部件，而且在 A350 XWB 等飞机型号上进行了成功应用，不仅保证了生产交货的准时性，同时还促使生产周期、成本以及质量都得到了有效的优化，促使供应链得到了进一步简化。2018 年，空中客车公司直升机部门开始采用 3D 打印生产 A350 XWB 机舱门的钛合金锁闩轴，如图 4-7 所示。与采用传统制造工艺相比，采用 3D 打印制造这一零部件增加了整架飞机的经济性和环保性、减轻了整机质量。这种锁闩轴是使用型号为 EOS M400-4 的打印机进行生产的，生产所使用的材料为钛粉，四支激光束熔炼钛粉，逐层生产出所需的零部件。采用 3D 打印生产的钛合金锁闩轴质量减轻 45%（约 4kg），价格降低 25%。2019 年初进行批量生产，首架采用了这批 3D 打印钛合金锁闩轴的飞机预计将于 2020 年投入使用。

此外，空中客车公司还将 3D 打印技术用于制造 A300/A310 系列喷气式飞机上的停产备件，当时生产这些部件的模具不复存在，利用 3D 打印技术可以快速准确地打印出符合使用标准的部件，然后安装在飞机上。

长期以来，由于缺乏在国际空间站上按需制造零部件的能力，国际空间站所需的全部物品都需要在地面上先制造好，再由运载火箭和飞船送往国际空间

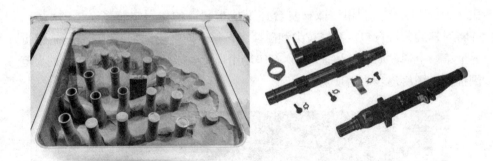

图 4-7　3D 打印钛合金锁闩轴（生产过程及最终部件）

站，这大大延长了发射周期并大幅增加了发射成本。而使用 3D 打印技术按需制造零部件，可逐步消除太空探索对地球的依赖，带来显著的经济和社会效益。为此，美国国家航空航天局（NASA）等机构和企业积极开展太空 3D 打印研究工作。

2014 年 NASA 借助美国太空探索技术公司（Space X）的货运飞船将首台微波炉大小的 3D 打印机送上国际空间站，以验证太空微重力环境下的 3D 打印技术，如图 4-8 所示。2015 年，NASA 宣布将在国际空间站上选择使用 Tethers Unlimited（TUI）公司的回收器，该技术能够把废塑料转化为 3D 打印线材，以供在太空中 3D 打印工具、备件以及各种卫星部件。

图 4-8　首台在太空中使用的 3D 打印机

4.2　3D 打印技术在再制造修复中的应用

4.2.1　3D 打印再制造及其流程

按照中国工程院徐滨士院士的定义，再制造工程是以产品全寿命周期理论为指导，以废旧产品性能跨越式提升为目标，以优质、高效、节能、节材、环保为准则，以先进技术和产业化生产为手段，来修复、改造废旧产品的一系列技术措施或工程活动的总称。简言之，再制造工程是废旧产品高技术修复的产业化。再制造的重要特征是再制造产品的质量和性能达到甚至超过新品，成本低，节能节材，对环境的不良影响与制造新品相比显著降低。

　　3D 打印再制造技术是利用 3D 打印技术对装备的损伤零部件进行再制造修复，以提升其性能，延长服役寿命。其技术流程如图 4-9 所示，首先，利用三维扫描仪对损伤零部件进行扫描反求，获得其数字化点云模型；然后，对数字化模型进行处理，生成损伤零部件的三维 CAD 模型；再次，将损伤零部件的三维 CAD 模型与标准模型进行对比，生成再制造修复模型；接下来对再制造修复模型进行分层和工艺路径规划处理，最后 3D 打印制造系统按照规划的工艺路径对损伤零部件进行再制造修复。

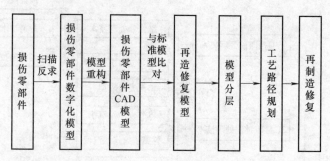

图 4-9　装备的损伤零部件 3D 打印再制造修复技术流程

　　与零部件直接 3D 打印制造相比，损伤零部件的 3D 打印再制造修复过程更复杂，涉及的技术领域更广。一方面，再制造修复模型的获取是个复杂的过程，首先需要对损伤零部件进行扫描反求，获得损伤零部件的数字模型，然后将处理过后的 CAD 数字模型与标准模型进行对比，从而得到再制造修复模型。另一方面，由于再制造修复过程中使用的材料与零件基体不同，再制造修复的零部件中存在明显的异质界面问题，对再制造修复的效果影响很大。

4.2.2　3D 打印再制造应用案例

　　3D 打印再制造技术通过利用具有高能密度的激光束使某种特殊性能的材料熔覆在基体材料表面，并与基材相互熔合，形成与基体成分和性能完全不同的合金熔覆层。一方面，3D 打印再制造技术能够提高材料表面层的性能，甚至能够赋予材料全新的性能；另一方面，与传统的再制造技术相比，3D 打印再制造技术有效降低制造成本，大大提高修复效率。作为未来工业应用潜力最大的技术之一，3D 打印再制造技术在航空航天、冶金、模具、发电等众多领域的发展和应用日益受到重视。

航空发动机工作的苛刻环境决定了其对零件制造的要求极高。在航空发动机的工作过程中，其涡轮叶片、压气机叶片等关键核心部件损伤严重、报废量大，损伤情况也比较复杂，例如异物打伤、裂纹以及烧蚀等，成为制约发动机维修周期和成本的主要因素。利用 3D 打印开展航空发动机核心部件的再制造技术，是目前国内外研究热点和重点应用领域之一。

航空发动机零部件的 3D 打印维修技术体系如图 4-10 所示，主要包括 3D 打印前处理技术、3D 打印过程处理技术、3D 打印后处理技术以及零部件性能考核技术。

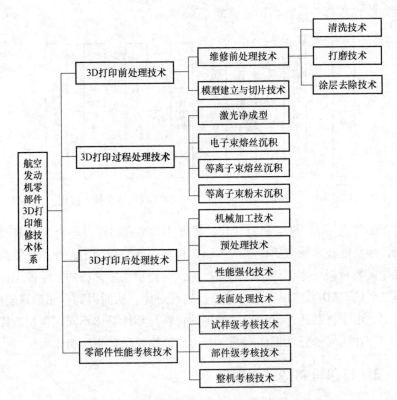

图 4-10　航空发动机零部件的 3D 打印维修技术体系

美国 Optomec 公司将 3D 打印技术应用于 T700 美国海军飞机发动机零件的磨损修复，如图 4-11 所示，实现了已失效零件的快速、低成本再制造。

在国内，西北工业大学基于 3D 打印激光熔覆技术开展了系统的激光成型

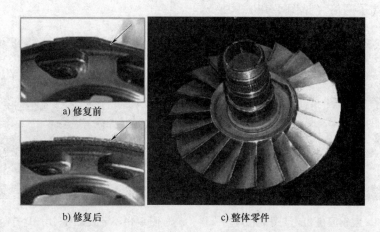

a) 修复前

b) 修复后　　　　c) 整体零件

图 4-11　美国 Optomec 公司采用 3D 打印技术修复的航空发动机零件

修复研究与应用工作，已经针对发动机部件的激光成型修复工艺及组织性能控制一体化技术进行了较为系统的研究。研究成果在小、中、大型航空发动机机匣、叶片、叶盘、油管等关键零件的修复中获得广泛应用，如图 4-12 所示。

图 4-12　西北工业大学采用 3D 打印技术修复的航空发动机零件

近年来，中国宝武钢铁集团有限公司（简称宝武集团）等许多知名钢铁企业联合国内相关高校、科研院所，积极探索 3D 打印制造技术在钢铁冶金部件再制造中的应用。2007 年，宝山钢铁股份有限（简称宝钢股份）公司在行业内率先利用激光 3D 打印再制造技术，成功修复了宝钢股份初轧 1 号轧机牌坊窗口面，如图 4-13 所示，不仅让废旧部件"重获新生"，还能有效提升装备性能、延长使用寿命，有力推动了 3D 打印再制造技术在冶金行业的产业化应用。2017 年，宝武集团在成功实现多种冶金部件 3D 打印再制造的基础上，又成功在冶金核心部件——结晶器铜板表面"打印"出激光强化涂层，使之寿命提高了两倍（见图 4-14）。

图 4-13　宝钢股份初轧 1 号轧机牌坊　　　图 4-14　宝武集团利用 3D 打印
　　　　　窗口面的修复　　　　　　　　　　　　再制造冶金核心部件

　　模具是工业生产中极其重要的特殊基础装备之一，被广泛应用于机械、汽车、航空、军工等领域，模具水平的高低标志着一个国家制造业水平的高低。热作模具在模具行业占有较大比重，主要分为热锻模、热挤压模和压铸模。由于在服役过程中受到高温、高冲击载荷以及交替冷热作用，与其他模具相比，热作模具更易失效，失效形式包括磨损、冷热疲劳裂纹、塑性变形和断裂等。传统的模具修复手段往往成本高，周期长。利用 3D 打印技术对失效模具进行修复和再制造，不仅大大提高了修复效率、降低了制造成本，而且修复后性能更优，延长了模具使用寿命，可实现循环利用，达到节能减排、可持续发展的目的。图 4-15 所示为利用 3D 打印技术对徐州工程机械集团有限公司（简称徐工集团）某热作冲压模具进行修复和再制造的实际应用案例。

图 4-15　利用 3D 打印技术对热作冲压模具进行修复和再制造

　　在军事领域中，3D 打印技术不但可以应用于武器装备的开发研制，还能够应用到武器装备战场的维修领域中，对战场受损武器装备的损坏零件进行快速打印或修复，在极短时间内恢复受损武器装备的原有性能，使其重新投入战场。为了及时满足战损装备急需的零部件，2002 年美国研制了柔性的车载零件再制造装备平台——移动零件医院（Mobile Parts Hospital，MPH），如图 4-16 所示，其中 3D 打印技术尤其是金属 3D 打印技术是其重要的核心技术。

图 4-16　美国军方使用的"移动零件医院"系统

我国西安交通大学牵头并联合华中科技大学及空军装备部武汉汽车修理厂研制出了战场环境 3D 打印维修保障系统，如图 4-17 所示。该系统由金属弧焊 3D 打印系统、高分子材料 3D 打印系统、激光金属 3D 打印系统、零部件数据库软件、三维反求测量系统、零件后处理设备及修复材料等模块组成，此维修保障系统的优点是适用范围广、系统机动性强、模块化、技术集成度高，有望成为下一代战场快速应急抢修保障装备。

图 4-17　战场环境 3D 打印维修保障系统

4.3　本章小结

　　3D 打印技术在维修和再制造领域发展潜力巨大。一方面，基于 3D 打印的备件供应链从根本上改变了现行的备件库存管理方式，在解决备件保障过量和保障不足的难题、缩短交付时间等方面具有明显的优势，真正意义上实现了备件的"零库存"管理，从原来的"按库存生产"转变为"按订单生产"模式，能够极大地提升用户对产品的满意度。另一方面，3D 打印再制造技术能够快速地对废旧零部件进行再制造修复，使其性能得到提升，服役寿命得以延长，作为未来工业最有发展前景的技术之一，3D 打印再制造技术已经应用于航空航天、冶金、模具、发电等许多重大工业装备领域，呈现出蓬勃发展的良好前景。

参 考 文 献

[1] 于晓. 3D 打印技术对于供应链结构的影响——以航空零备件供应链为例 [J]. 科技展望, 2016, 26 (34): 99.

[2] 王鑫, 彭绍雄, 卜亚军. 基于 3D 打印的备件保障系统可用度模型 [J]. 兵工自动化, 2016, 35 (02): 17-21.

[3] 肖婷, 刘坚. 模具制造中 3D 打印技术的应用研究 [J]. 工业设计, 2019 (05): 154-155.

[4] 张卫东. 电力设备备件信息管理系统的设计与开发 [D]. 保定: 华北电力大学 (河北), 2009.

[5] 杨启森. 3D 打印技术工业应用巡览 [J]. 智能制造, 2017, (07): 16-19.

[6] 罗大成, 刘延飞, 王照峰, 等. 3D 打印技术在武器装备维修中的应用研究 [J]. 自动化仪表, 2017, 38 (04): 32-36.

[7] 王春净, 夏成宝, 叶达飞. 3D 打印技术: 如何颠覆传统制造业 [J]. 机械制造, 2014, 52 (03): 88-89.

[8] 张连重, 李涤尘, 崔滨, 等. 战场环境 3D 打印维修保障系统——装备快速保障利器 [J]. 现代军事, 2017, (04): 110-112.

[9] 姜舟, 任斌斌. 3D 打印技术在航空维修中的应用研究 [J]. 中国设备工程, 2017, (18): 42-43.

[10] 朱丽娅, 刘劲华, 陈宇. 美国空军利用 3D 打印解决航空维修中的部件短缺问题 [J]. 航空维修与工程, 2016 (10): 22-24.

[11] 郭双全, 罗奎林, 刘瑞, 等. 3D 打印技术在航空发动机维修中的应用 [J]. 航空制造技术, 2015, (S1): 18-19 + 27.

［12］周长平，林枫，杨浩，等. 增材制造技术在船舶制造领域的应用进展［J］. 船舶工程，2017，39（02）：80-87.

［13］柳建，殷凤良，孟凡军. 3D 打印再制造目前存在问题与应对措施［J］. 机械，2014，41（06）：8-11.

［14］宝武集团：3D 打印再制造冶金部件技术实现产业化应用［J］. 表面工程与再制造，2017，17（02）：55.

［15］程小红，侯廷红，付俊波，等. 某型航空发动机高压压气机转子叶片 3D 打印再制造技术研究［J］. 航空维修与工程，2015，（04）：37-39.

［16］YANG Q, ZHANG P, CHENG L, et al. Finite Element Modeling and Validation of Thermomechanical Behavior of Ti-6Al-4V in Directed Energy Deposition Additive Manufacturing［J］. Additive Manufacturing, 2016, 12：169-177.

［17］祁斌. 3D 打印技术在船舶领域的应用［J］. 中国船检，2016，（6）：94-100.

［18］李佳，张纪可，冯明志. 3D 打印技术在船用柴油机领域的应用前景分析［J］. 柴油机，2015，（2）：1-5.

［19］刘磊，刘柳，张海鸥. 3D 打印技术在无人机制造中的应用［J］. 飞航导弹，2015，（7）：11-16.

［20］RAGHAVAN N, DEHOFF R, PANNALAS, et al. Numerical modeling of heat-transfer and the influence of process parameters on tailoring the grain morphology of IN718 in electron beam additive manufacturing［J］. Acta Materialia, 2016, 112：303-314.

［21］邓贤辉，杨治军. 钛合金增材制造技术研究现状及展望［J］. 材料开发与应用，2014，29（5）：113-120.

［22］李涤尘，贺健康，田小永. 增材制造：实现宏微结构一体化制造［J］. 机械工程学报，2013，49（6）：129-135.

［23］孙健峰. 激光选区熔化 Ti6Al4V 可控多孔结构制备及机理研究［D］. 广州：华南理工大学，2013.

［24］徐滨士，刘世参，张伟，等. 绿色再制造工程及其在我国主要机电装备领域产业化应用的前景［J］，中国表面工程，2006，19（10）：17-21.

［25］张媛媛. 服务备件库存管理中的分类方法研究［D］. 北京：对外经济贸易大学，2006.

［26］姚文静. 空客实现 A350 XWB 机型 3D 打印钛零部件的批量生产［J］. 中国钛业，2018，57（04）：42.

［27］杨延蕾，江炜. 在轨 3D 打印及装配技术在深空探测领域的应用研究进展［J］. 深空探测学报，2016，（3）：282-287.

［28］王强，孙跃. 增材制造技术在航空发动机中的应用［J］. 航空科学技术，2014，（9）：6-10.

［29］任大林，隋修武，杜玉红. 基于 SVM 的电火花加工参数优化研究［J］. 机械科学与

技术，2014，33（8）：1167-1171.

[30] 林英华，姚建华，袁莹，等. 电磁复合场对 Ni60 激光熔覆层表面裂纹与组织结构的影响 [J]. 电加工与模具，2018，(1)：37-40.

[31] 李洋. 超声振动辅助激光熔覆制备 TiC/FeAl 原位涂层研究 [D]. 南昌：华东交通大学，2016：31-32.

[32] 吴凯，莫志豪，李雪峰，等. 基于逆向工程和三维打印的齿轮设计 [J]. 科技通报，2019，35（1）：73-76.

[33] SUN G F，ZHOU R，LI P，et al. Laser surface alloying of C-B-W-Cr powders on nodular cast iron rolls [J]. Surface and Coatings Technology，2013，205（8/9）：2747-2754.

[34] 单雪海，周建平，许燕. 金属快速成型技术的研究进展 [J]. 机床与液压，2016，(7)：150-154.

[35] 朱云天，杜开平，沈婕，等. 激光能量密度对选区激光熔化（SLM）制品性能的影响及其机理 [J]. 热喷涂技术，2017，(2)：35-41.

[36] 郭超，张平平，林峰. 电子束选区熔化增材制造技术研究进展 [J]. 工业技术创新，2017（4）：6-14.

[37] 姚寿文，常富祥，李鹏宇. 面向虚拟维修的零件层次结构模型 [J]. 兵器装备工程学报，2019，40（05）：164-170.

[38] 黄志澄. 太空 3D 打印开启太空制造新时代 [J]. 国际太空，2015（1）：29-30.

[39] 陶岩. 3d 打印技术的现状和关键技术分析 [J]. 化工设计通讯，2019，45（05）：87-88.

[40] 熊兵，胡存，李乙迈. 3D 快速成型用于舰船装备保障的展望与探索 [J]. 设备管理与维修，2019，(07)：141-144.

第5章

基于3D打印云服务平台的定制技术

随着时代的发展，消费者对商品的需求逐渐趋向多样化、个性化。与提供同质化产品和服务的大规模制造相比，大规模定制化生产能够提供满足消费个体需求的产品和服务，因而代表了未来的发展方向。尽管许多企业正在大力推行大规模定制战略，但目前仍然面临许多困难。首先，定制化的程度受到企业需求、制造能力、竞争力和技术现状等的限制，而依靠现有的技术能够有效支撑实现大规模定制的产品范围较小。其次，企业要想通过快速响应来供应定制化产品，需具备很高的产品交付能力，特别是融合需求获取、加工柔性和物流三者的能力，而现有技术同样难以有效支撑。因此，人们呼唤出现一种新的具有高度柔性的生产技术和复杂系统来快速获取和响应用户的个性化需求。

近年来，随着互联网、电子商务和3D打印等技术的出现，新定制趋势正在出现并且逐渐渗透到人们生活的各个方面。首先，随着互联网技术的发展，企业通过网络平台能够快速获取和响应人们的个性化需求，从而促使消费用户的个性化产品需求持续增长。其次，智能制造的趋势在不断增长。大数据、云计算、3D打印等新兴技术的出现为提高生产率、优化供应链和降低成本等提供了更加丰富的有效手段。最后，出现了具有低参与门槛的社会化制造趋势，人们既是产品和服务的消费者，又是设计者。生产者和消费者的界限开始变得模糊，并进行融合。

与传统的制造技术相比，3D打印能够直接制造出绝大多数复杂形状的产品，因而能够大幅度减少对复杂制造过程的依赖性。经过几十年技术的发展特别是新材料的研发，3D打印技术已经成功应用于航空航天、医疗、汽车、教育等众多领域，为实现产品定制化提供了一种便捷的技术手段和强大的推动力。当前，众多3D打印设备逐渐应用到社会生活各个领域，但是大多数应用仍然为制造新产品研发过程中的原型样机。如果将这些分散、闲置的3D打印机特别是工业级3D打印设备配置到供应链系统中，社会化制造的生产力水平将会快速提高。近年来，一些新兴公司以互联网为基础打造出了3D打印设备共享平台，使人们能够将定制想法快速变成实际产品，例如 3D Hubs 公司。另一个著名的公司是 Shapeways，它不仅利用 3D 打印技术为客户定制他们自己设计的各种产品，还为客户提供了销售其创意产品的网络平台。其他著名的 3D 打印定制化云服务平台还包括比利时的 i. materialise，新西兰的 Ponoko，法国的 Sculpteo，中国的魔猴网、天马行空网、意造网，美国的 Cubify Cloud 和 Kraftwurx 等。

5.1 3D 打印云服务平台概述

作为一种新型的服务类型，3D 打印云服务平台利用 3D 打印技术、三维 CAD 建模、互联网等先进技术，来满足用户个性化定制需求。该平台上集合了消费者、设计师、3D 打印生产服务商等主要利益群体（见图 5-1）。普通消费用户可以直接选择符合自己需求的已有 3D 产品模型，或者通过平台上提供的易用设计软件完成自己的个性化创意设计，甚至可以在平台网站上找到专业设计师帮助实现自己的创意设计。设计师可以在平台网站上出售自己的创意设计并按特定比例提成，也可以与消费用户沟通交流，进行创意的更改和完善。3D 打印生产服务商则通过 3D 打印技术制造出满足用户需求的个性化商品，并配送到用户手中。

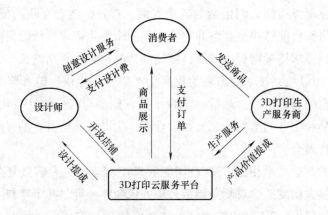

图 5-1　3D 打印云服务平台个性化定制流程图

3D 打印的应用将使传统制造模式发生革命性变化（见图 5-2）。传统企业的商业模式是 B2C（Business to Customer），即企业生产什么产品，就卖给用户什么；大众化生产制造了大量同质化的产品，用户没有多少选择权。而 3D 打印个性化定制的商业应用模式是基于用户需求驱动的个性化定制创新商业模式，即用户需要什么，我们就生产什么；大众定制化使得消费用户活跃地参与到了产品设计中，自己设计需要的产品。随着互联网时代的发展，这种全新的商业模式将会逐渐取代或颠覆传统的制造和服务模式。

图 5-2　基于用户需求驱动的个性化定制创新商业模式

具体来说，与传统的制造服务模式相比，3D 打印个性化定制服务模式具有以下 3 个主要特点：

1. 个性化的生产方式

在传统制造模式下，企业根据目标市场消费者的共性需求完成产品设计与制造，通过线上的电商平台或线下的销售渠道进行销售，消费者只能消费有限品种或款式的商品。在该制造模式下，大众无法参与产品设计和制造，消费者几乎不可能为自己制造个性化的产品。而在 3D 打印个性化定制服务模式下，企业可以借助 3D 打印云服务平台，通过与消费者在产品设计与制造环节进行共同创造，依托技术创新和管理创新，以最快的速度提供高质量、低成本并且满足消费者个性化需求的产品。

2. 消费者主导的产品众包设计模式

在传统制造模式下，资源掌握在少数人手里，企业设计师主导产品设计，难以实现消费者个性化和差异化的需求，且这种自上而下的产品设计模式需要很长的设计周期。在 3D 打印个性化定制服务模式下，借助 3D 打印云服务平台的产品理念提出、设计与评价的众包服务功能，符合消费者个性化需求的产品由消费者与企业设计师共同设计，形成消费者主导的设计师对用户（Designer to User，D2U）的产品众包设计模式。在该模式下，专业设计师与消费者共同探索和发现设计价值，从而缩短了产品设计周期，实现了设计"民主化"。

3. 消费者参与产品制造全价值链过程

在传统制造模式下，消费者无法参与产品的制造过程，且物流与仓储成本高，获取市场需求信息速度慢、不全面、不准确。在 3D 打印个性化定制服务模式下，企业鼓励消费者参与产品的设计和制造全价值链过程，强调对需求的激发、挖掘和创造，重视管理创新和技术创新。3D 打印个性化定制服务模式的全价值链模式可做如下描述：依托 3D 打印云服务平台，消费者充分参与产品研制过程，从而及时地将 3D 打印制造能力与消费者个性化需求有机地衔接起来，实现企业盈利与消费者利益最大化的改进，提供"一站式"全价值链解决方案。

5.2 3D 打印云服务平台相关理论基础

5.2.1 云制造理论

云制造是 3D 打印云服务平台的重用理论支撑之一。2010 年初，李伯虎院士等人提出云制造理论，云制造是利用网络和云制造服务平台，按用户需求组织网上制造资源（制造云），为用户提供各类按需制造服务的一种网络化制造新模式。云制造面向制造全生命周期应用来提供各种服务。作为一种先进制造模式，云制造是在云计算的 IaaS（基础设施即服务）、PaaS（平台即服务）和 SaaS（软件即服务）的基础上的延伸与发展，它丰富、拓展了云计算的资源共享内容、服务模式和技术。与已有的制造业信息化技术相比，云制造在数字化的基础上，突出的典型特征表现为：制造资源和能力的物联化、虚拟化、服务化、协调化、智能化。2015 年，李伯虎院士进一步提出，智慧云制造是"互联网 + 制造业"的一种实施模式和手段，将加快推动中国制造业的转型升级和创新发展。

然而传统制造模式的复杂过程将会给云制造的深入研究和应用带来困难。大多数传统的制造方法需要进行产品工艺设计，但是工艺设计没有一个统一的标准，而且需要设计部门和加工部门一起进行多步迭代。如果这些活动被放置到云上，那么信息的传输、交流过程就会变得很复杂。

美国康奈尔大学的 Hod Lipson 指出，云制造是一种去中心化和大规模并行的新型的制造模式，而 3D 打印技术是促进云制造推广应用的催化剂。首先，随着 3D 打印技术的成熟，尤其是金属 3D 打印技术的成熟，从数字设计到数字制造实现了无缝集成，能够实现从设计部门到制造部门进行产品数据和模型的快速、高效转换。其次，3D 打印能够实现自由制造，它解决了许多使用传统工艺难以制造的复杂结构部件的成形问题，大大地减少了工艺步骤，缩短了加工周期，而且产品结构越复杂，越能够体现出 3D 打印技术的优越性；更为重要的是，能够实现通过优化设计来节约材料消耗，产品将会变得越来越轻。最后，由于降低了制造门槛，使用人群从专业工程人员扩展到没有任何工程经验的普通消费者，能够实现当地化生产和个性化定制。

3D 打印云服务平台是 3D 打印技术与云制造结合应用的一种具体表现形式，是将社会化 3D 打印制造资源用于个性化定制的一种重要方式。首先，云制造中广泛共享、按需使用的各类软件、设计、模型等服务，可用于实现动态多样的个性化需求，为个性化定制和大众创新提供海量的资源服务支撑。其次，各类 3D 打印设备通过云端化、服务化技术，集成到 3D 打印云平台上，可以解决各类 3D 打印设备的共享重用，降低大众参与社会化制造的门槛，实现社会化制造或者泛在制造。最后，利用云制造的资源服务优化配置等理论，可以对分布式 3D 打印制造服务实现有效和智能化的管理和调用等，为用户快速匹配选择低成本、高效的 3D 打印制造服务。

5.2.2　众包理论

"众包"这一概念由美国《连线》杂志的记者杰夫·豪于 2006 年 6 月提出，指的是企事业单位、机构乃至个人把过去由员工执行的工作任务，以自由自愿的形式外包给非特定的社会大众群体解决或承担的做法。它是一种依托网络社区，由共同的爱好者使用数字化的设计工具设计符合自己个性化、差异化需求产品的新型设计模式。这种由企业的专业设计师与大众共同参与设计的模式，可以激发人们无限的创造力和追求有意义的体验。

随着 3D 打印技术带来的社会化制造，新的社会化设计模式——"设计众包"也将大行其道。例如成立于 2009 年的美国 Quirky 公司通过网络媒体接收公众提交的产品设计思路，并由公司的注册用户进行评论和投票表决，如此每周挑选出一个产品进行 3D 打印生产，参加产品设计和修正过程的众包人员可分享 30% 的营业额。这种新颖的设计众包模式打破了以往专业设计团队对产品设计流程的垄断，为产品创新注入了新的活力，从而使消费者的需求与产品设计更加紧密地结合在一起。

另一方面，随着 3D 打印云服务平台的发展，出现了新的联合设计（co-design）软件工具，大大降低了用户参与创作的门槛。首先由一个专业的设计师创作出一个 3D 模型并且发布到平台网站上，借助于平台软件工具，普通消费者通过拖拉滑动条等简单操作就能够方便地改变上述产品模型的尺寸。尽管现有的联合设计形式存在一定的局限性，但是它却为普通消费者提供了一个不需要成为专业设计师就能够自主修改和定制产品的机会。

5.2.3　长尾理论

长尾理论（The Long Tail Effect）由美国《连线》杂志主编克里斯·安德

森于 2004 年提出，用来描述诸如 Amazon 和 Netflix 之类网站的商业和经济模式。他认为，"如果把足够多的非热门产品组合到一起，实际上就可以形成一个堪与热门市场相匹敌的大市场。"由图 5-3 所示的长尾理论模型曲线可以看出，最左端的部分是需求曲线的头部，对应面向大众的少数热销产品，最右端部分是需求曲线的尾部，对应面向某类用户的小众化产品和个性化的专属产品。

在以大规模制造模式为主导的传统工业社会，为了追求利润最大化，更多企业注重追求曲线的头部，却忽视尾部。长尾效应的根本就是强调"个性化"和"用户力量"。随着互联网尤其是移动互联网的快

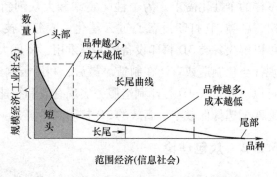

图 5-3　长尾理论模型曲线

速发展，长尾理论在虚拟商品市场中已经得到了很好的验证，例如数字音像商品、电子图书、互联网广告领域等。3D 打印技术为长尾理论的验证开辟了可能的新领域——实体产品领域。3D 打印技术的出现，打破了传统生产需要基于很大的数量才会开启的限制以及高固定成本（机器、厂房等）的束缚，真正实现单件、个性化生产。3D 打印技术与互联网技术的融合，产生出了基于 3D 打印云服务平台的个性化定制这样一种新型商业模式。长尾理论对于 3D 打印云服务平台的体系架构搭建以及运营服务模式等方面具有重要的理论指导作用。

5.3　3D 打印云服务平台功能及体系架构

5.3.1　平台基本功能

3D 打印云服务平台需具备下述基本功能：

1. 用户管理

用户管理主要负责维护 3D 打印云服务平台中的多种用户信息，为多方用户提供一致的人员信息管理；同时，为 3D 打印云服务平台的所有用户提供访问各种服务的统一访问入口，实现统一安全的用户认证和单点登录。

2. 云打印服务

云打印服务是 3D 打印云服务平台的核心功能之一，用户可将设计好的 3D 模型上传到 3D 打印云服务平台，在选择打印材料、颜色、数量、后处理等要求后，系统会自动生成订单信息，用户在线付款后完成下单；平台接收订单后，通过一定的筛选机制将订单分配给平台上的某个 3D 打印生产服务商；该服务商接收并确认订单信息后开始加工；加工完成后，给用户发货；用户收到产品，在平台上对产品和服务质量进行评价反馈，该评价反馈计算得出该生产服务商最新的累计口碑评价系数；云打印服务完成。

3. 创意需求发布

创意需求发布主要为用户提供在线创意需求发布功能，帮助他们找到合格的设计师进行产品创意设计。创意需求经平台审核成功发布之后即对所有设计服务资源公开。

4. 资源注册发布

资源注册发布主要实现 3D 打印设备资源、设计服务资源和 3D 设计软件资源等各类资源在平台的统一标准化描述、注册和发布，资源成功发布之后即成为可供选择的虚拟资源。

5. 创意服务撮合管理

创意服务撮合管理主要是对注册发布成功的服务资源和需求进行集成管理，实现服务需求与服务资源之间的优化选择和智能配置。

6. 云平台交易管理

云平台交易管理可为云平台交易过程提供全方位的支持，负责交易实例的创建、运行、监控、异常处理及评价记录；同时具有第三方资金支付监管、服务交易的维权和投诉管理等功能，可实现制造服务交易的透明化、公平化监控和管理。主要包括服务交易信息管理、服务交易实例管理、支付平台集成管理、服务交易维权管理和服务投诉举报管理等功能。

7. 业务信用评估与分析

业务信用评估与分析对平台的交易主体和业务建立信用评价指标体系，并利用相关信用反馈机制和评价算法实现对云平台相关服务业务的信用评估和分析。

5.3.2　平台体系架构

基于上述对 3D 打印云服务平台及其基本功能的论述分析，提出了面向 3D 打印云服务平台的体系架构，如图 5-4 所示。

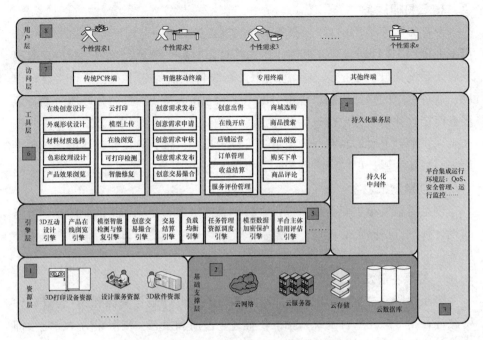

图 5-4　3D 打印云服务平台体系架构

5.3.3　层次功能描述

3D 打印云服务平台体系架构包括以下 8 层结构：

1. 资源层

该层通过汇聚 3D 打印生产服务商、设计师、3D 软件、金融服务、物流配送等各类资源到 3D 打印云服务平台，提供相关资源支持，覆盖需求、创意设计、专业设计、打印制造、物流配送等整个服务过程。

2. 基础支撑层

基础支撑层是 3D 打印云服务平台位于硬件层之上的基础层。3D 打印云服务平台需运用 IaaS（基础设施即服务）的设备管理模式，为云平台提供运行基础支撑环境，包括：

1）数据存储资源：3D 打印云服务平台提供平台正常运行所需的各类数据存储资源，并对其进行描述，包括云服务器、云数据库和其他云存储介质等。其中云服务器需具备性能的可扩展性，云数据库不仅需要能够满足在多个云服务器上的分组，还需要能够应用于以下三种运行模式：独立数据库；共享数据库、隔离数据架构；共享数据库、共享数据架构。

2）网络资源：3D 打印云服务平台提供平台正常运行所需的网络资源，并对其进行描述，包括 Internet、Intranet、Extranet 和无线网络等所搭建形成的云服务网络及其拓扑结构、使用节点数和数据吞吐量等信息。

3. 平台集成运行环境层

平台集成运行环境层是提高平台运行效率与安全的关键层。3D 打印云服务平台具备对服务平台集成运行环境进行监控管理的基本工具集，具体实现功能包括：

1）QoS（服务质量 Quality of Service）：QoS 能够支持 FIFO、PQ、CQ、FQ、WFQ、CBWFQ、LLQ 等排队策略，支持 RSVP 资源预留协议，支持 CAR、SPD，支持 WRED 拥塞避免，支持流量整形，从而解决服务网络延迟和阻塞等问题。

2）安全管理：3D 打印云服务平台提供统一的安全服务，主要包括硬件安全、网络安全，以及完善的数据存取安全策略、用户权限认证体系、系统日志记录等。

3）运行监控：3D 打印云服务平台对平台整体运行状态进行监控，并对异常事件进行提前预警，主要监控对象包括平台数据流量、并发用户数量、业务响应速率等。

4. 持久化服务层

持久化服务层是位于数据库与模型对象间的中间层。3D 打印云服务平台需设计并实现对数据的持久化服务，采用持久化中间件等方式对数据、服务、流程逻辑进行持久化存储，对存储在数据库中的业务对象提供编程接口，执行相关操作，例如读、写或修改一个或多个持久性数据。

5. 引擎层

3D 打印云服务平台需开发一系列引擎，为云平台管理工具的研发提供基层支持。各引擎的划分原则及设计原则秉承引擎内高内聚、引擎间低耦合的特性，并充分考虑云平台的特性（包括云计算和云存储等），能够以服务集的方式为上层提供便捷的集成支持。包括 3D 互动设计、产品在线浏览、模型智能检测与修复、创意交易撮合、交易结算、负载均衡、任务管理资源调度、模型数据保护和平台主体信用评估等引擎。

6. 工具层

3D 打印云服务平台方为平台用户提供友好人机交互应用服务，实现平台的易操作性和功能的便捷性，支持资源与需求的方便注册、发布、搜索匹配、交易，以及业务管理、买卖双方信用评价和交互社区创建等，包括在线创意设计工具、云打印工具、创意需求发布工具、创意出售工具、商城选购工具等。

7. 访问层

访问层是用户与平台交互操作的终端接入层。3D 打印云服务平台支持多种不同终端的接入，实现对不同终端的动态响应性兼容，终端类型可能包括传统 PC 终端、智能移动终端、专用终端及其他终端。

8. 用户层

用户层是直接面向用户并服务于用户的关键层。3D 打印云服务平台提供方需设计并实现用户层的功能，用户层是为用户提供访问和浏览服务的交互界面、提供用户需求注册发布服务，是用户与系统间信息交互的窗口。

5.4　3D 打印云平台个性化定制创新服务模式

图 5-5 所示为 3D 打印云服务平台服务模式示意图。3D 打印云服务平台主要包括消费者、设计师、3D 打印生产服务商三类用户群体。消费者可以上传三维数字模型到平台，在线下单打印成实体产品；或者通过平台上提供的设计软件或资源完成个性化创意设计并打印成实体产品；或者在平台上找到设计师帮助实现自己的创意设计并打印成实体产品；或者在平台上直接选择符合自己需求的已有 3D 打印商品。

根据 2019 年发布的 GB/T 37461—2019《增材制造云服务平台模式规范》国家标准，3D 打印云服务平台应提供制造、在线设计与制造、委托设计与制造和在线选购与制造四种基本服务模式。

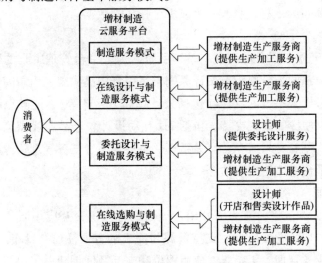

图 5-5　3D 打印云服务平台服务模式示意图

5.4.1　制造服务模式

制造服务模式的基本内容是消费者自己上传三维数字模型到平台，在线下单打印成实物产品。如图5-6所示，制造服务模式的基本流程如下：

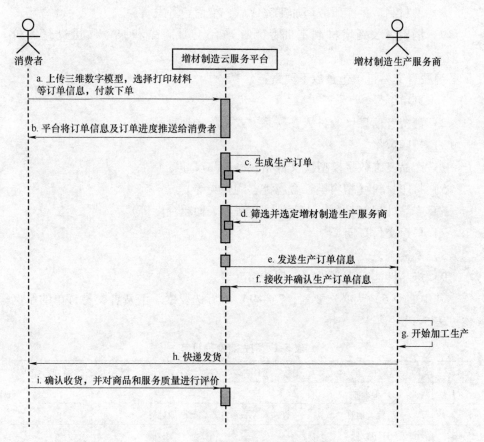

图5-6　制造服务模式的流程示意图

1）消费者上传三维数字模型，选择打印材料、颜色、数量、产品性能等订单要求，在线提交订单信息，并在付款后完成下单。

2）平台将订单信息及订单进度（包含制造、物流等）推送给消费者（消费者也可以登录平台自主查询）。

3）平台接收到消费者需求信息，生成生产订单信息。

4）通过一定的筛选机制（例如根据制造工艺、生产服务价格、地理位置、用户评价等因素），对符合要求的增材制造生产服务商进行显示或排序，由平台选定某个增材制造生产服务商（某些情况下也可由消费者选定增材制造生产服务商）。

5）平台将生产订单信息发给选中的增材制造生产服务商。

6）增材制造生产服务商接收并确认生产订单信息。

7）增材制造生产服务商开始加工。

8）增材制造生产服务商加工完成后，给消费者发货。

9）消费者收到增材制造商品，在平台上对商品和服务质量进行评价反馈。

消费者交易订单包含以下要素：

1）订单编号。

2）消费者信息（收件人、联系方式、配送地址等）。

3）打印数量。

4）产品三维数字模型（文件格式、产品尺寸等）。

5）打印材料（塑料类、金属类、陶瓷类等）。

6）产品外观（颜色、表面处理方法、表面粗糙度等）。

7）最迟交付日期。

8）制造工艺。

9）产品性能（力学性能、加工精度等）。

其中1）~6）为必选要素，7）~9）为可选要素。消费者交易订单的示例参见表 5-1。

表 5-1　消费者交易订单

编号	类　　型	内　　容	备　　注
1	订单编号		
2	消费者信息	收件人、联系方式、配送地址等	
3	打印数量		
4	最迟交付日期		可选项
5	产品三维数字模型	文件格式（例如 STL、OBJ、AMF、3MF 等）、产品尺寸等	
6	打印材料	塑料类、金属类、陶瓷类等	
7	制造工艺		可选项
8	产品外观	颜色、表面处理方法、表面粗糙度等	
9	产品性能	力学性能、加工精度等	可选项

平台生成的生产订单是在消费者交易订单的基础上，通过增加生产方面的要求转化而成的生产制造订单。平台生产订单包含以下要素：

1）生产订单编号。

2）消费者信息（收件人、联系方式、配送地址等）。

3）打印数量。

4）预期生产完成日期。

5）产品三维数字模型（文件格式、产品尺寸等）。

6）打印材料（塑料类、金属类、陶瓷类等）。

7）制造工艺。

8）产品外观（颜色、表面处理方法、表面粗糙度等）；

9）生产报价。

10）产品性能（力学性能、加工精度等）。

其中 10）为可选要素，其余为必选要素。平台生成的生产订单的示例见表 5-2。

表 5-2　平台生成的生产订单

编号	类　型	内　　容	备　注
1	生产订单编号		
2	消费者信息	收件人、联系方式、配送地址等	
3	打印数量		
4	预期生产完成日期		
5	产品三维数字模型	文件格式（例如 STL、OBJ、AMF、3MF 等）、产品尺寸等	
6	打印材料	塑料类、金属类、陶瓷类等	
7	制造工艺		
8	产品外观	颜色、表面处理方法、表面粗糙度等	
9	产品性能	力学性能、加工精度等	可选项
10	生产报价		

筛选增材制造生产服务商的机制包含以下要素：

1）打印材料。

2）生产服务价格。

3）生产完成时间。

4）制造工艺。

5）地理位置。

6）设备空闲状态。

7）信用等级。

其中1）~3）为必选要素，4）~7）为可选要素。筛选增材制造生产服务商机制的示例见表5-3。

表5-3　筛选增材制造生产服务商的机制

编　号	类　　型	内　　容	备　注
1	制造工艺		可选项
2	打印材料		
3	生产服务价格		
4	生产完成时间		
5	地理位置		可选项
6	设备空闲状态		可选项
7	信用等级		可选项

5.4.2　在线设计与制造服务模式

在线设计与制造服务模式的基本内容是消费者在平台上进行在线设计，生成设计作品的三维数字模型，在线下单打印成实物产品。图5-7所示为在线设计与制造服务的流程示意图。

1）消费者利用平台提供的设计软件或资源等，自己在线设计，完成一个三维数字模型。

2）消费者选择打印材料、颜色、数量、产品性能等订单要求，在线生成订单信息，并在付款后完成下单。

3）平台将订单信息及订单进度（包含制造、物流等）推送给消费者（消费者也可以登录平台自主查询）。

4）平台接收到消费者需求信息，生成生产订单信息。

5）通过一定的筛选机制（例如根据制造工艺、生产服务价格、地理位置、用户评价等因素），对符合要求的增材制造生产服务商进行显示或排序，由平台选定某个增材制造生产服务商（某些情况下也可由消费者选定增材制造生产服务商）。

6）平台将生产订单信息发给选中的增材制造生产服务商。

7）增材制造生产服务商接收并确认生产订单信息。

8）增材制造生产服务商开始加工。

9）增材制造生产服务商加工完成后，给消费者发货。

10）消费者收到增材制造商品，在平台上对商品和服务质量进行评价

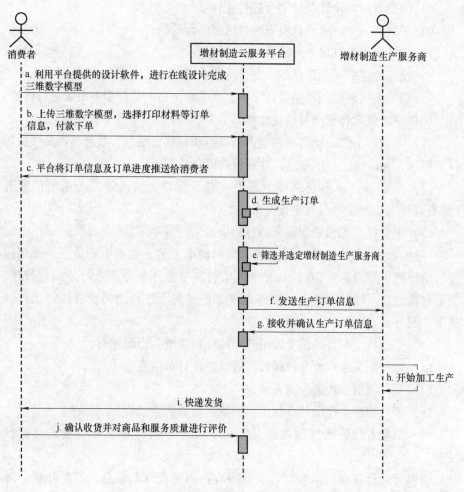

图 5-7　在线设计与制造服务模式的流程示意图

反馈。

5.4.3　委托设计与制造服务模式

委托设计与制造服务模式的基本内容是消费者在平台上找设计师进行委托设计，获得设计作品的三维数字模型，在线下单打印成实物产品。如图 5-8 所示，委托设计与制造服务模式的基本流程如下：

1）消费者在平台上发布设计需求。

2）平台将设计需求公告给相关设计师。

3）有意向的设计师主动与消费者联系，进行竞标。

4）消费者选定设计师。

5）消费者支付设计费给平台进行托管。

6）平台将设计订单信息发送给被选定的设计师。

7）设计师接收订单，开始设计。

8）设计师将完成的设计作品交付给消费者。

9）消费者确认收到产品设计方案，在平台上对产品和服务质量进行评价。

10）平台将设计费支付给设计师。

11）消费者上传三维数字模型，选择打印材料、颜色、数量、产品性能等订单要求，在线提交订单信息，并在付款后完成下单。

12）平台将订单信息及订单进度（包含制造、物流等）推送给消费者（消费者也可以登录平台自主查询）。

13）平台接收到消费者需求信息，生成生产订单信息。

14）通过一定的筛选机制（例如根据制造工艺、生产服务价格、地理位置、用户评价等因素），对符合要求的增材制造生产服务商进行显示或排序，由平台选定某个增材制造生产服务商（某些情况下也可由消费者选定增材制造生产服务商）。

15）平台将生产订单信息发给选中的增材制造生产服务商。

16）增材制造生产服务商接收并确认生产订单信息。

17）增材制造生产服务商开始加工。

18）增材制造生产服务商加工完成后，给消费者发货。

19）消费者收到增材制造商品，在平台上对商品和服务质量进行评价反馈。

消费者设计需求订单应包含下列内容：消费者订购信息，产品外观，后处理以及其他方面的要求。符合该规范的消费者设计需求订单应包含以下要素：

1）用户基本信息（收件人、联系方式、配送地址等）。

2）产品功能描述。

3）产品尺寸要求。

4）产品外观要求（颜色、表面处理方法等）。

5）产品性能（力学性能、加工精度等）。

6）设计完成时间。

7）交付方式。

8）设计报价。

消费者设计需求订单的示例见表5-4。

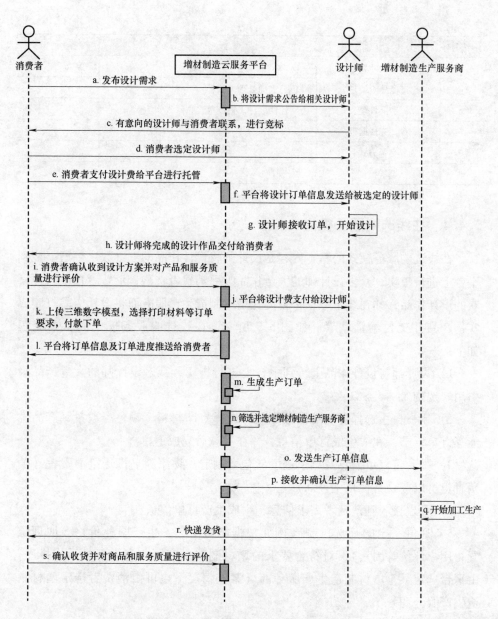

图 5-8　委托设计与制造服务模式的流程示意图

表 5-4　消费者设计需求订单

编号	类　　型	内　　容	备　　注
1	用户基本信息	收件人、联系方式、配送地址等	
2	产品功能描述		

（续）

编号	类　型	内　　容	备　注
3	产品尺寸要求		
4	产品外观要求	颜色、表面处理方法等	
5	产品性能	力学性能、加工精度等	
6	设计完成时间		
7	交付方式		
8	设计报价		

5.4.4　在线选购服务模式

在线选购服务模式的基本内容是设计师将设计作品的三维数字模型上传到平台上进行售卖，众多设计师的大量作品吸引消费者选购；消费者自主选择喜欢的设计作品，并在线下单；平台委托增材制造生产服务商将设计作品打印成实物产品并交付给消费者。如图 5-9 所示，在线选购服务模式的基本流程如下：

1）设计师将设计作品上传到平台上进行售卖，众多设计师的大量产品吸引用户选购。

2）用户自主选择喜欢的设计作品，选择打印材料、颜色、数量、产品性能等订单要求，在线生成订单信息，并在付款后完成下单。

3）平台将订单信息及订单进度（包含制造、物流等）推送给消费者（消费者也可以登录平台自主查询）。

4）平台接收到消费者需求信息，生成生产订单信息。

5）通过一定的筛选机制（例如根据制造工艺、生产服务价格、地理位置、用户评价等因素），对符合要求的增材制造生产服务商进行显示或排序，由平台选定某个增材制造生产服务商（某些情况下也可由消费者选定增材制造生产服务商）。

6）平台将生产订单信息发给选中的增材制造生产服务商。

7）增材制造生产服务商接收并确认生产订单信息。

8）增材制造生产服务商开始加工。

9）增材制造生产服务商加工完成后，给消费者发货。

10）消费者收到增材制造商品，在平台上对商品和服务质量进行评价反馈。

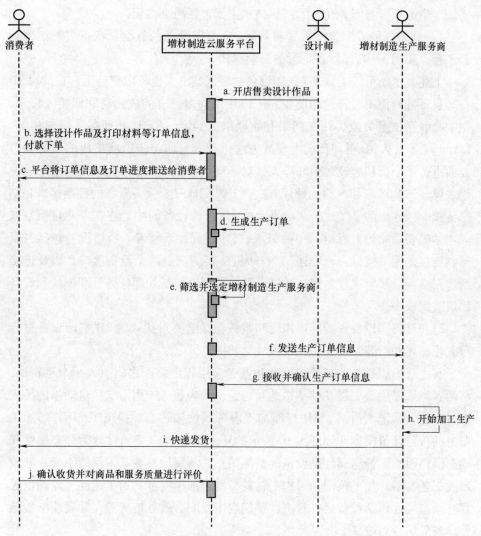

图 5-9　在线选购服务模式的流程示意图

5.5　3D 打印云服务平台涉及的关键技术

近年来，3D 打印云服务平台已成为国内外研究热点，备受学术界、产业界乃至社会大众的广泛关注。3D 打印云服务平台主要涉及以下关键技术。

5.5.1　3D 打印设备感知、适配接入与服务化

为了使 3D 打印设备网络化、云端化和服务化，需要研究 3D 打印设备的

感知、适配接入与服务化技术。该技术主要包括两个方面：

1）利用各种适配接入装置将各种 3D 打印设备的数据、状态实时汇聚到云平台，实现 3D 打印设备资源的自动感知。

上述技术既可以实现 3D 打印设备的联网共享，也可以支持用户在线对 3D 打印设备进行使用、管理和监控。可以使用许多已有的成熟物联网接入技术，例如物联网技术集成、社交网络和物联网的结合、RFID 处理器数据架构等。Lehmhus 等人从 3D 打印传感器集成方法以及云打印与传感器集成的可能性等方面进行了分析和验证。王磊等人针对不同类型的 3D 打印资源，利用开放源码系统、OLE 嵌入和单独的处理方法，开发完成一个设备资源的控制接口和动态链接库插件。为了实现云制造平台中 3D 打印设备的物理连接，北京航空航天大学的麦金耿等人提出了一种 3D 云打印适配接入装置。所述设备包括与服务器连接的网络接口、与所述 3D 打印机连接的至少两个设备接口，以及连接所述网络接口和所述设备接口的处理器；处理器包括处理任务管理模块和设备协议适配模块。

2）3D 打印设备资源的虚拟化和服务化，需要对接入的 3D 打印设备进行服务化描述和封装，以支持在线服务化使用。

其主要思想是在物理基础设施和业务应用程序需求之间引入一个逻辑层，将两者解耦以隐藏底层基础结构的异构性，并为业务应用需求提供动态的按需服务。麦金耿等人给出了 3D 打印加工服务属性描述，并提出了 3D 打印加工服务的按需计价模型。如图 5-10 所示，3D 打印加工服务属性分为静态属性和动态属性两类，静态属性是设备的基本信息，其属性参数基本保持不变，如设备及工艺类型、加工范围、可加工材料类型、加工精度、加工速度、地理位置等。动态属性包含设备运行状态、预期空闲时间、服务口碑等，其属性参数随着设备的运行而改变。

北京航空航天大学张霖教授等进一步从普通用户实际需求角度，提出了用户产品需求的三维模型，如图 5-11 所示。与该模型相对应，3D 打印加工服务的属性也可以分为三类，分别是与三维数字模型相关的属性、与材料物理性能相关的属性、与制造相关的属性。研究人员还基于三角直觉模糊数法建立了一种 3D 打印工艺选择方法，帮助普通用户能够在不了解 3D 打印的情况下准确选择 3D 打印工艺，并给出了主要参数及其影响因素的建模方法。

5.5.2 3D 打印制造服务智能搜索与匹配

与一般的制造设备不同，3D 打印机的特点是高度数字化和自动化。如果

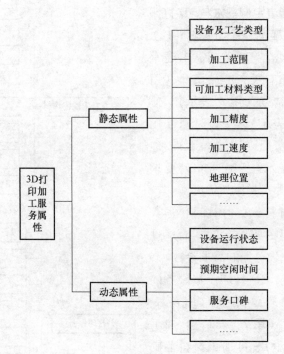

图 5-10　3D 打印加工服务属性

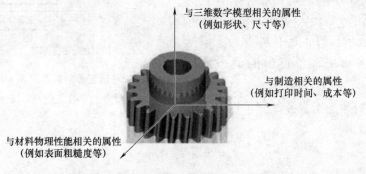

图 5-11　用户产品需求的三维模型

分散的 3D 打印资源被联网共享、聚集，并且在云平台上被在线调用，这将形成一个分散的社会化制造生产环境。3D 打印制造服务智能搜索与匹配技术就是研究如何从海量的 3D 打印设备资源中选取最优的 3D 打印生产服务商，来进行供需服务匹配和智能化排产，从而在不影响设备工作的情况下远程完成打印文件的队列传输，真正实现 3D 打印智能化、自动化生产。该项关键技术主要分为以下两个步骤：

1. 建立消费者定制需求与 3D 打印制造服务之间的匹配关系（见图 5-12）

一般来说，消费者定制需求通常与下列参数要求有关：产品尺寸（用 D 表示）、产品精度（用 P 表示）、使用材料（用 M 表示）、交付时间（用 T 表示）、预算费用（用 C 表示）、地理位置（用 L 表示）和服务口碑要求（用 R 表示）等。其中产品尺寸、产品精度、使用材料、交付时间和预算费用为必须满足的需求参数，而地理位置和服务口碑为可选的需求参数。

与之相对应，3D 打印制造服务的参数包括设备加工尺寸能力（用 D_a 表示）、加工精度（用 P_a 表示）、加工速度（用 S_a 表示）、可加工材料范围（用 M_a 表示）、服务地理范围（用 L_a 表示）、加工服务时间（用 T_a 表示）、加工服务费（用 C_a 表示）、服务口碑（用 R_a 表示）等，其中 R_a 是一个根据打印服务历史评价得出的动态累计参数。

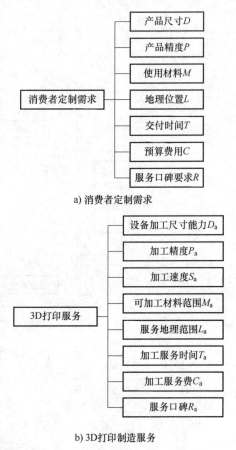

a) 消费者定制需求

b) 3D打印制造服务

图 5-12 消费者定制需求和 3D 打印制造服务的参数表达及对应关系

3D 打印加工服务时间可以通过下式计算得出：

$$T_a = T_1 + T_2 + T_3 + T_4$$

式中，T_a 是产品 3D 打印加工服务时间；T_1 是处理三维模型数据时间；T_2 是打印机能够开始加工的时间或排队等待时间；T_3 是实际生产（含产品包装）所需的时间；T_4 是物流配送时间。

3D 打印加工服务费可以通过下式估算得出：

$$C_a = C_{生产} + C_{人工} + C_{物流} + C_{其他}$$

式中，C_a 是 3D 打印服务的预估成本；$C_{生产}$ 是生产成本（包括材料费、设备折旧费、厂房水电等）；$C_{人工}$ 是人工成本；$C_{物流}$ 是物流运输成本；$C_{其他}$ 是产品包装等其他成本。

因此，根据下列关系式就能够建立消费者定制需求与 3D 打印制造服务之间的匹配约束关系：

$$\begin{cases} D \in D_a & （加工尺寸约束匹配，必选）\\ M \in M_a & （材料约束匹配，必选）\\ P \leqslant P_a & （精度约束匹配，必选）\\ T \geqslant T_a & （时间约束匹配，必选）\\ C \geqslant C_a & （费用约束匹配，必选）\\ L \in L_a & （地理位置约束匹配，可选）\\ R \leqslant R_a & （服务口碑约束匹配，可选） \end{cases}$$

2. 搜索满足要求的 3D 打印制造服务

基于上述匹配关系模型，下一步就是搜索满足要求的 3D 打印制造服务。为了提高搜索效率，可以使用许多云制造理论中已有的成熟技术，例如局部搜索算法（local search algorithms），模糊方法（fuzzy methods），本体增强的云服务搜索引擎（ontology-enhanced cloud service search engine）等。

刘永辉等人提出一种面向分布式 3D 打印制造平台的生产订单派单机制和抢单机制，能够根据 3D 打印设备和用户的距离以及 3D 打印设备（或其对应的打印服务商）的服务评级分数，来进行生产订单的自动优化配置，并实现就近 3D 打印制造和配送。

图 5-13 所示为一种面向分布式 3D 打印制造平台的生产订单派单机制的流程示意图，其基本原理是：用户下单后，平台服务器端会首先搜索距离用户一定地理范围内、处于空闲可打印状态且满足打印参数需求的 3D 打印设备资源，然后将所有搜索到的设备按照其评级分数或其对应的生产服务商的评级分数由高到低进行排序，生产订单将优先派送给服务评级分数高的 3D 打印设备进行打印。

抢单机制与派单机制类似，二者的主要区别是：用户下单后，平台服务器端会首先搜索距离用户一定地理范围内、处于空闲状态、满足打印参数需求且评级分数不低于门槛值的所有 3D 打印设备资源；然后向所有搜索到的设备同时发送生产订单的服务请求；响应速度最快的设备将获得生产订单。图 5-14 所示为一种面向分布式 3D 打印制造平台的生产订单配置方法（抢单机制）的流程示意图。

5.5.3　基于 Web 的三维交互式创意设计技术

简化三维模型建模过程、降低技术应用门槛，为多层次用户提供协同创新

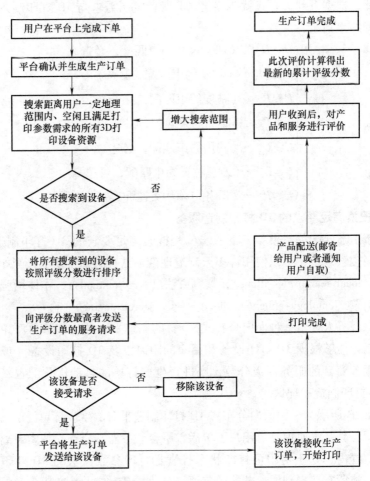

图 5-13 一种面向分布式 3D 打印制造平台的生产订单
配置方法（派单机制）的流程示意图

创意设计环境和轻量化建模设计工具，是促进 3D 打印制造普及、推广和应用的重要途径。基于 Web 的三维交互式创意设计技术是保证 3D 打印制造云服务平台用户协同创新创意设计实时性与交互友好性的关键。

在线交互式 3D 设计引擎需要支持互联网、移动终端等多种接入形式，能够在线实现外观形状设计、材料材质选取、色彩/纹理/图案设计、环境建模，支持用户/创客在线开展协作式虚拟设计、产品效果浏览与展示，实现将需求与创意转化成为工业设计作品。海尔集团联合山东山大华天软件有限公司，在国内率先开展了基于 Web 的交互式 3D 创意设计技术等相关研究，解决了如何支持用户在线开展产品效果浏览与展示、模型可打印性检查和智能化修复等一

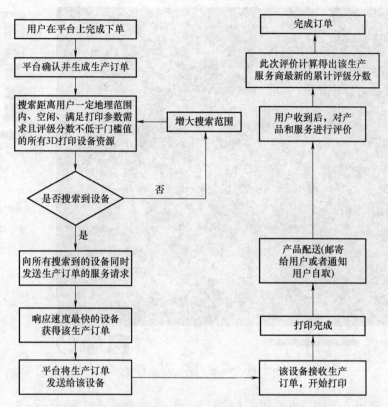

图 5-14　一种面向分布式 3D 打印制造平台的生产订单
配置方法（抢单机制）的流程示意图

系列关键技术，并且设计开发了核心软件模块——3D 模型数据识别和修复软
件模块。

1. 3D 模型在线浏览与展示

将 3D 模型上传至服务器后，服务器将模型数据序列化后传至浏览器端，
通过 WebGL 脚本渲染显示模型，在服务器端进行相关算法的处理，当用户请
求全部场景信息展示时，服务器将模型对象通过 AJAX 传递给浏览器端，浏览
器的 Java Script 脚本在反序列化模型对象后，实现整个场景的渲染，并展示给
用户（见图 5-15），主要功能如下：

1）支持 STL，OBJ 等主流数据格式。

2）模型实时 3D 展示，自动旋转。

3）3D 展示可以控制放大、缩小展示。

4）展示区域的背景亮度可以调节。

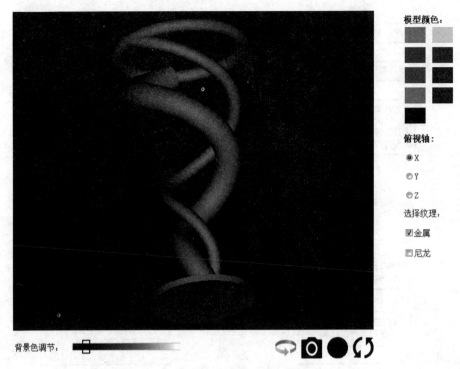

图 5-15   3D 模型在线浏览与展示

5）模型展示颜色可更换。

6）可按 X、Y、Z 轴自定义展示角度。

7）用户可根据角度手工截取模型展示的二维图片，并保存。

2. 3D 模型可打印性检查

1）3D 模型的网格封闭性检查。如果模型不是封闭的，可能会导致打印过程中模型某些部位的缺失，造成模型的不完整。通过拓扑关系，并采用八叉树（OCTree）进行空间剖分，可高效率地进行封闭性的检测。

2）壁厚检测。在实际打印中，不同的打印材料有不同的打印精度，模型的最小壁厚必须在 3D 打印机的工作精度内。因此，根据选择打印材料的不同，可以智能分析模型的壁厚，对过厚或过薄的部分，通过云图的方式，直观地对壁厚进行展示。

3）面法线方向检查。如果 3D 模型面片的面法向存在错误，会导致严重的打印错误。通过右手法则和拓扑结构，检测面法向的一致性，并对有问题的地方用红色显著标示。

3. 3D 模型数据在线智能修复

可自动检测并实现环形孔洞修复、缝隙修复、重叠修复、不共定点修复等多种修复类型。

4. 在 3D 模型上添加文字

如图 5-16 所示，该功能为用户提供了个性化定制的工具。用户在打印的模型上，可以自定义打印的文字，这样普通用户也可以方便地定制属于自己的个性化产品，极大地提升了用户使用体验。

图 5-16　3D 模型上添加文字实例

5.5.4　3D 打印模型知识产权保护技术

3D 打印技术是一种数字化制造技术，它根据计算机三维设计图，利用 3D 打印机直接制造三维真实物体，改变了传统的制造模式，但同时 3D 打印技术给知识产权保护带来诸多挑战。目前的 3D 打印云服务平台缺少三维模型知识产权保护机制。这是由于一方面三维模型在传输过程中很容易受到攻击、被丢失或窃取，给模型的设计者或者提供者造成很大损失，不利于形成良性的循环发展模式；另一方面，原始数据如果直接发送给在平台上注册加盟的 3D 打印生产服务商，也容易导致设计者成果被窃取和非法扩散。据统计，80% 的设计师因为害怕作品遭窃而不愿意分享他们的设计，这极大限制了优秀的设计作品与 3D 打印技术的结合以及商业化。

3D 打印模型知识产权保护技术需要建立三维模型数据全流程主动保护机制，保护和激发设计师和普通大众的创新热情。目前主要有三种 3D 打印模型保护技术：

1）通过在 3D 多边形网格模型数据中嵌入数字水印，对 3D 模型和其他三维产品进行保护。将版权信息、特殊工艺信息和独有的知识产权信息等作为数字水印嵌入设计数据后，在他人未经许可使用这些数据时，可以以水印为证追究其侵权责任。

2）通过对文件加密而使未授权的用户无法完全取得其内容，例如通过变换三维模型的点坐标来保护三维数据模型，加密后的三维模型和受保护的原始三维模型在视觉上是不同的（加密后的三维模型可能是扭曲的或者局部变形，而解密后可恢复正常）。

3）将用户需要打印的打印请求和三维模型上传到服务器端，服务器端通过切片引擎处理对需打印的 3D 模型进行切片，得到三维模型的制造执行代码 Gcode 文件，然后再发送给 3D 打印机进行打印。

方法 1）的优点是在发生纠纷时可以以水印为证追究侵权者的侵权责任，方法 2）的优点是通过对文件加密而使未授权的用户无法完全取得其内容，但是方法 1）和 2）的缺点都是在交易完成和模型解密后，购买者就拥有了完整的 3D 打印模型文件，原创设计师的设计成果被窃取或获得。方法 3）的优点是通过将三维模型的制造执行代码 Gcode 文件直接输送到 3D 打印机，使得购买者或生产服务商不直接接触原始 3D 模型文件，但是购买者或生产服务商仍然有机会接触到或拥有 Gcode 文件，仍然可以被无限次打印，因此仍旧会侵害原创设计师的设计成果。

为了解决现有 3D 打印模型保护技术中存在的不足，刘永辉等人提出一种基于流式传输技术的 3D 打印模型知识产权保护技术，具体实现原理如图 5-17 所示。该技术向 3D 打印设备提供只能打印一次的 3D 打印设备制造执行代码（例如 Gcode 等），而无须将原始模型文件提供给用户或生产服务商；直接发送数据流到 3D 打印设备来控制打印过程，通过对数据进行加密使得数据在传输过程中得到保护；而且一旦打印完成后，通过自动清除缓存等技术手段，不会在 3D 打印机上留存相关文件；以上措施真正有效保护了设计师的设计作品版权，能够防止设计文件被无限制的复制、修改，甚至被交易或分享。

针对原来用户仅下单一次，就可以获得模型作品以及设计文件被无限制地复制、打印的问题，上述技术还实现了设计作品按购买次数打印制造，有利于更好地发挥设计作品的价值，维护设计师和 3D 打印云服务平台的市场收益。

图 5-18 所示的基于流式传输技术的 3D 打印模型知识产权保护技术的具体实现过程如下：

步骤 1：对 3D 模型数据进行预处理。将 3D 数据模型进行切片处理，转换成 3D 打印设备制造执行代码（例如 Gcode 等）。

步骤 2：生成数据流文件。将上述文件分解成多个数据包并压缩、加密。

步骤 3：发送指令，通过网络远程探测并连接终端 3D 打印设备。

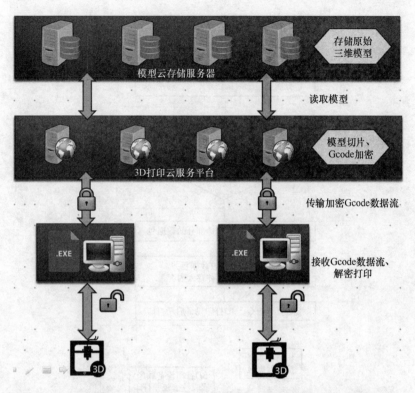

图 5-17　基于流式传输技术的 3D 打印模型知识产权保护技术的原理图

如果连接成功，则进入步骤 4；如果连接不成功，则重新探测和连接，连续多次不成功，提示连接失败或 3D 打印设备不在线。

步骤 4：以数据流形式发送开始部分的 2 ~ 3 个或多个数据包。

步骤 5：3D 打印设备的微处理系统接收上述数据包并解密、解压缩，存入内存（注意：当数据接收方收到数据后，将自动向发送方发出确认信息；而发送方接收到确认信息后才继续传送数据，否则将一直处于等待状态）。

步骤 6：远程发送打印指令，3D 打印设备启动打印。

步骤 7：该步骤为循环过程：

1）3D 打印设备按顺序读取存入内存中的数据包并打印。

2）服务器按顺序发送数据包。

3）3D 打印设备接收数据包并解密、解压缩。

步骤 8：当最后一个数据包打印完成，整个 3D 打印过程结束。

步骤 9：发送指令，删除留存在 3D 打印设备缓存、内存等上面的数据包文件。

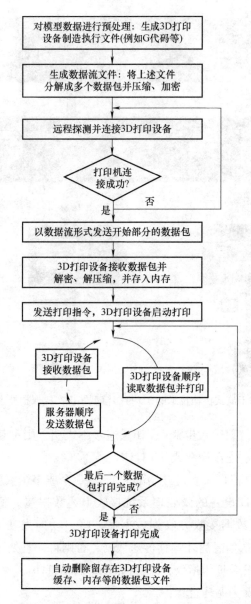

图 5-18 基于流式传输技术的 3D 打印模型知识产权保护技术的具体实现过程

5.6 典型的 3D 打印云服务平台

目前世界上已经有几百家提供 3D 打印制造服务的平台，随着 3D 打印技术的不断发展和普及，3D 打印云服务平台的数量还在不断增加。国内外典型的 3D 打印服务平台有 Shapeways、i. materialise、Sculpteo、3D Hubs 和天马行空网等。

5. 6. 1　Shapeways

Shapeways 公司于 2017 年创立，是荷兰皇家飞利浦公司内部创业孵化项目，后来在 2010 年将公司总部从荷兰迁到了美国纽约。Shapewasy 目前是全球最大的 3D 打印服务平台，利用 3D 打印技术为客户定制他们设计的各种产品，包括艺术品、首饰、灯具、玩具和杯子等，还为客户提供销售其创意产品的网络售卖平台。

Shapeways 是一个集定制（Make）、设计（Design）、销售（Sell）于一体的 3D 打印服务平台，其运作完全基于互联网技术，操作流程非常简便：用户可以将自己设计产品的 3D 模型文件上传到 Shapeways 网站，后者通过自有或整合外部的工业级 3D 打印设备将 3D 模型打印出来。同时 Shapeways 上也活跃着数万名设计师，他们展示和出售各式各样的创意设计，这些创意都可以使用 3D 打印技术实现，有些甚至只能用 3D 打印才能制作出来。普通的用户如果喜欢这样的设计创意，也可以直接购买，由 Shapeways 负责使用 3D 打印技术实现后邮寄给遍布在全世界的客户。用户从下单到收货大概需要 10 ~ 15 个工作日。截至 2014 年底，Shapeways 公司已经生产了超过 280 万件 3D 打印产品，每月约有 12 万件新产品上传。截至 2015 年 3 月，在线商店数量超过 2. 3 万家，平台注册设计师有 1 万多名，注册用户达到 30 多万。

5. 6. 2　i. materialise

比利时 Materialise 公司成立于 1990 年，总部位于比利时鲁汶，是全球快速成型制造领域最大的软件及服务供应商之一。依托 Materialise 在软件、工程技术和 3D 打印制造等方面强大的技术实力，Materialise 公司推出了全球在线 3D 打印服务平台 i. materialise，为创客、设计师、消费用户等提供专业的 3D 打印制造服务。

与 Shapeways 类似，i. materialise 平台允许用户上传他们的三维设计模型，然后将它们打印出来。平台不仅具有操作简便的使用界面，而且提供最丰富的打印材料种类以及后处理工艺。截至 2018 年，Materialise 公司共计拥有 160 多台工业级 3D 打印机，其中包括当时全球最大尺寸的 3D 打印设备。2013 年打印了 39. 4 万个原型件，为家电、汽车、医疗和航空航天等众多领域提供了 3D 打印设计和制造服务。

5. 6. 3 Sculpteo

Sculpteo 公司成立于 2009 年 9 月，总部位于法国，是全球在线 3D 打印服务领域的领导者之一。Sculpteo 平台提供专业的在线 3D 打印和激光切割制造服务，满足人们对于快速原型制作、小批量及个性化产品的制造服务需求。Sculpteo 平台不仅提供了塑料、金属、陶瓷等各种 3D 打印材料及其后处理工艺，还提供许多性能优异的三维模型在线分析和修复的软件工具，大大降低了人们的创作门槛。基于设立在欧洲和美国的数字化制造工厂，Sculpteo 能够为全世界用户提供快捷的 3D 打印制造及产品配送服务。

5. 6. 4 3D Hubs

3D Hubs 总部位于阿姆斯特丹，其以互联网为基础打造了一个 3D 打印设备的共享平台。公司致力于为 3D 打印服务提供在线市场平台，让有 3D 打印制造服务需求的用户能够快速地找到当地的 3D 打印制造设备。

3D Hubs 被称为 "全世界最大的 3D 打印工厂"，是 3D 打印分布式制造的杰出代表。世界各地的用户都可以访问 3D Hubs 平台，在线上传产品三维模型，并从可用的本地设备里按需选择。3D Hubs 的操作流程十分简单，用户只需要上传 3D 打印模型，填上地址，付费之后 3D Hubs 就会打印出来用户想要的产品，并且快递给用户。据了解，在发货速度方面，3D Hubs 已经超越了Shapeways，可以做到在 2 天内发货，而 Shapeways 至少需要一周。目前，3DHubs 拥有大约 7300 多台 3D 打印机，能够提供不同种类及不同材质的 3D 打印制造服务，服务覆盖到了 140 个国家，处理了超过 3 万件 3D 打印产品订单。除了 3D 打印制造服务，3D Hubs 还提供 CNC 和注射模等传统的产品制造服务。

5. 6. 5 天马行空网

1. 平台系统性功能架构

天马行空网（http://www. tmxk3d. com）是海尔集团开发的国内领先的面向高端家居家电产品个性化定制的 3D 打印云服务平台。它构建了一个 3D 数据处理服务、创意产品设计、展示、制造和销售为一体的网络服务平台，可为创意产品设计师、3D 打印生产服务商、终端消费用户等提供网络化、个性化定制和交易服务，天马行空网络平台的部分功能界面如图 5-19 所示。其平台系统性功能架构如图 5-20 所示。

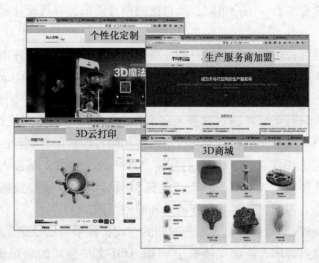

图 5-19　天马行空网络平台的部分功能界面

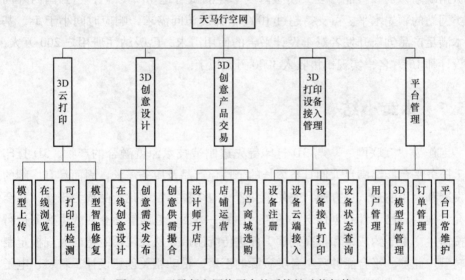

图 5-20　天马行空网络平台的系统性功能架构

2. 平台商业模式与运营效果

1）应用模式。针对普通用户，除了方便用户在线选购自己喜欢的创意设计产品，还借鉴软件即服务（Software-as-a-Service，SAAS）模式，通过提供各类免费服务来吸引更多的个人用户：将 3D 模型数据处理软件重构为免费的在线数据处理服务，为用户提供基于网络的 3D 云打印服务；将 3D 设计软件重构为易用的模型在线建构服务，为用户提供 3D 创意设计服务；搭建了创意需求发布和撮合平台，用户可以提出自己的创意需求，寻找设计师为其量身定制专属产品。

针对设计师，可以在天马行空网免费开设个人品牌店铺，并出售创意设计作品。设计作品上传后，系统会自动计算出对应不同材料的打印成本，然后再加上设计师想要获得的设计收益，便是最终的产品销售价格；当有用户购买这件产品时，天马行空网将通过其强大的 3D 云打印网络工厂完成产品的生产，并配送给用户；交易完成后，天马行空网将扣除打印费用和少量的交易费，并向设计师支付设计收益。针对 3D 打印生产服务商，通过云端接入，将传统的线下打印服务转变为线上服务，围绕免费 3D 设计和 3D 模型数据处理，实现服务报价与能力匹配，扩展其服务能力和服务范围。

2）运营状况与效益。经过两年时间的建设，该平台已经建立超过 50 万件的零部件模型资源库，能够支持基于 STL、OBJ 文件格式的动态 3D 预览和支持 STL、OBJ、3DS、3DM 等主流数据格式的数据转换；能够有效支持 3D 模型数据缺陷识别和智能修复，模型修复率经测试可达 90% 以上，达到国内外同类网站的领先水平。可支持超过 1000 个并发访问需求，响应时间小于 5s，基本满足产品创新开发者对于设计平台的使用需求；已吸纳注册用户 200 万人，设计师 15 万名，实现销售收入 3000 万元以上。

5.7 本章小结

作为"互联网 +"与 3D 打印等先进制造技术深度融合的产物，3D 打印云服务平台能够满足人们日益增长的个性化产品及服务需求，因而具有广阔的发展和应用前景。一方面，它使消费者享有多种类定制化产品成为现实，甚至允许他们自己设计和创作自己的产品；另一方面，它能够使企业或生产商进行按需生产来节约成本和提高利润，促进传统制造业从大规模制造向大规模定制转型。此外，平台能够吸引各类资源的汇聚，带动相关创意设计、材料、电子商务、物流等诸多产业的集群式发展。

参 考 文 献

[1] 姜月娟，卢秉恒，方学伟，等. 基于 3D 打印的网络化集散制造模式研究［J］. 计算机集成制造系统，2016，22（6）：1424-1433.

[2] SILVERIA G D, BORENSTEIN D, Fogliatto F S. Mass customization：Literature review and research directions［J］. International Journal of Production Economics，2001，72（1）：1-13.

[3] GILMORE J H, PINE B J. The four faces of mass customization [J]. Harvard Business Review, 1997, 75 (1): 91-101.

[4] Hart, C W L. Mass customization: conceptual underpinnings, opportunities and limits [J]. International Journal of Service Industry Management, 1995, 6 (2): 36-45.

[5] ZIPKIN PH. The limits of mass customization. MIT Sloan Management Review [J], 2001, 42 (3): 81-87.

[6] 王雪莹. 3D 打印技术与产业的发展及前景分析 [J]. 中国高新技术企业, 2012, (26): 3-5.

[7] 李涤尘, 贺健康, 田小永, 等. 增材制造: 实现宏微结构一体化制造 [J]. 机械工程学报, 2013, 49 (6): 129-135.

[8] KELLY K. The new socialism: Global collectivist society is coming online [J]. Wired Magazine, 2009, 17 (6): 17-26.

[9] BERMAN B. 3d printing: the new industrial revolution [J]. Business Horizons, 2012, 55 (2): 155-162.

[10] MAI J, ZHANG L, TAO, F, et al. Customized production based on distributed 3D printing services in cloud manufacturing [J]. International Journal of Advanced Manufacturing Technology, 2016, 84 (1-4): 71-83.

[11] 卢秉恒, 李涤尘. 增材制造 (3D 打印) 技术发展 [J]. 机械制造与自动化, 2013, 42 (4): 1-4.

[12] LIPSON H, KURMAN M. Fabricated: The new world of 3D printing [M]. New York: Wiley, 2013.

[13] MOTA C. The rise of personal fabrication [C]. In: Proceedings of the 8th ACM conference on Creativity and cognition, ACM, 2011, 279-288.

[14] BAK D. Rapid prototyping or rapid production? 3d printing processes move industry towards the latter [J]. Assembly Automation, 2003, 23 (4): 340-345.

[15] BERMAN B. 3d printing: the new industrial revolution [J]. Business Horizons, 2012, 55 (2): 155-162.

[16] 李伯虎, 张霖, 王时龙, 等. 云制造——面向服务的网络化制造新模式 [J]. 计算机集成制造系统, 2010, 16 (1): 1-7.

[17] 麦金耿. 云制造环境下基于 3D 打印服务的个性化定制关键技术研究 [D]. 北京: 北京航空航天大学, 2016.

[18] 李伯虎, 张霖, 任磊等. 再论云制造 [J]. 计算机集成制造系统, 2011, 17 (3): 449-457.

[19] 李伯虎. 智慧云制造——"互联网 + 制造业"的一种制造模式和手段 [J]. 中国石油和化工经济分析, 2015, (11): 11-12.

[20] GUO L. A system design method for cloud manufacturingapplication system [J]. Interna-

tional Journal of Advanced Manufacturing Technology，2016，84：1-15.

[21] 王中佳，王梦商. 基于企业视角的"互联网+3D打印"商业模式分析 [J]. 商业经济研究，2016，(8)：120-121.

[22] SHI C，ZHANG L，MAI J，et al. 3D printing process selection model based on triangular intuitionistic fuzzy numbers in cloud manufacturing [J]. International Journal of Modeling，Simulation，and Scientific Computing，2017，8（02）：26.

[23] 全国增材制造标准化技术委员会. 增材制造云服务平台模式规范：GB/T 37461—2019 [S]. 北京：中国标准出版社，2019.

[24] GUO L，QIU J. Combination of cloud manufacturing and 3D printing：research progress and prospect [J]. International Journal of Advanced Manufacturing Technology，2018，96（5-8）：1929-1942.

[25] LU B，LI D，TIAN X. Development trends in additive manufacturing and 3D printing [J]. Engineering，2015，1（1）：85-89.

[26] 克里斯·安德森. 长尾理论 [M]. 乔江涛，石晓燕，译. 北京：中信出版社，2009.

[27] 张霖，麦金耿，任磊，等. 面向云制造的3D打印加工任务处理方法及装置：中国，201610060342.1 [P]. 2016-05-11.

[28] 杰夫·豪. 众包 [M]. 牛文静，译. 北京：中信出版社，2011.

[29] 张楠，李飞. 3D打印技术的发展与应用对未来产品设计的影响. 机械设计，2013，30（7）：97-99.

[30] 杨震晖. 论3D打印技术所带来的知识产权保护问题 [J]. 《北方工业大学学报》，2013，25（4）：12-18.

[31] 刘永辉，曹强，马国军，等. 一种分布式3D打印制造平台的订单抢单方法和系统：CN106548387A [P]. 2017.

[32] 刘永辉，曹强，马国军，等. 一种分布式3D打印制造平台的订单派单方法和系统：CN106503883A [P]. 2017.

[33] 刘永辉，马国军，刘华. 基于流式传输技术的3D打印方法和系统：中国，201610359331.3 [P]. 2016-06-31.

[34] 黄翔，汤鼎，武泽孟. 桌面级五轴+3D打印一体机设计 [J]. 电子测试，2019，(10)：114-115.

[35] 姚轩，程冕，段家现. 3D打印技术在工业设计教学中的应用研究 [J]. 智库时代，2019，(21)：218-219.